U0258543

更新知识地图　拓展认知边界

BIG HISTORY

万物大历史

为什么灵长类是人类的近亲

[韩]金喜京 [韩]陈耀翰 著 [韩]洪承宇 绘 韩晓 译

中信出版集团 | 北京

图书在版编目（CIP）数据

为什么灵长类是人类的近亲 /（韩）金喜京，（韩）
陈耀翰著；（韩）洪承宇绘；韩晓译 . -- 北京：中信
出版社，2022.5
　　（万物大历史；9）
　　ISBN 978-7-5217-3719-6

　　Ⅰ.①为… Ⅱ.①金… ②陈… ③洪… ④韩… Ⅲ.
①灵长目－少年读物 Ⅳ.① Q959.848-49

中国版本图书馆 CIP 数据核字（2021）第 220456 号

为什么灵长类是人类的近亲
著者： 　　[韩] 金喜京　　[韩] 陈耀翰
绘者： 　　[韩] 洪承宇
译者： 　　韩晓
出版发行：中信出版集团股份有限公司
　　　　（北京市朝阳区惠新东街甲 4 号富盛大厦 2 座　邮编　100029）
承印者： 　　天津丰富彩艺印刷有限公司

开本：880mm×1230mm　1/32　　　印张：6　　　字数：109 千字
版次：2022 年 5 月第 1 版　　　　印次：2022 年 5 月第 1 次印刷
京权图字：01-2021-3959　　　　　书号：ISBN 978-7-5217-3719-6
　　　　　　　　　　　　定价：58.00 元

大历史是什么？

　　为了制作"探索地球报告书"，具有理性能力的来自织女星的生命体组成了地球勘探队。第一天开始议论纷纷。有的主张要了解宇宙大爆炸后，地球是从什么时候、怎样开始形成的；有的主张要了解地球的形成过程，就要追溯至太阳系的出现；有的主张恒星的诞生和元素的生成在先，所以先着手研究这个问题。

　　在探索过程中，勘探家对地球上存在的多样生命体的历史产生了兴趣。于是，为了弄清楚地球是在什么时候开始出现生命的，并说明生命体的多样性和复杂性，他们致力于研究进化机制的作用过程。在研究过程中，他们展开了关于"谁才是地球的代表"的争论。有人认为存在时间最长、个体数最多、最广为人知的"细菌"应为地球的代表；有人认为亲属关系最为复杂的白蚁才是；也有人认为拥有最强支配能力的智人才是地球的代表。最终在细菌与人类的角逐战中，人类以微弱的优势胜出。

　　现在需要写出人类成为地球代表的理由。地球勘探队决定要对人类怎样起源、怎样延续、未来将去往何处进行调查和研究，找出人类的成就以及影响人类的因素是什么，包括农耕、城市、帝国、全球网络、气候、人口增减、科学技术和工业革命等。那么，大家肯定会好奇：农耕文化是怎样促使人类的生活产生变化的？世界是怎样连接的？工业革命是怎样改变人类历史的？……

地球勘探队从三个方面制成勘探报告书，包括："从宇宙大爆炸到地球诞生"、"从生命的产生到人类的起源"和"人类文明"。其内容涉及天文学、物理学、化学、地质学、生物学、历史学、人类学和地理学等，把涉及的知识融会贯通，最终形成"探索地球报告书"。

好了，最后到了决定报告书标题的时间了。历尽千辛万苦后，勘探队将报告书取名为《大历史》。

外来生命体？地球勘探队？本书将从外来生命体的视角出发，重构"大历史"的过程。如果从外来生命体的视角来看地球，我们会好奇地球是怎样产生生命的、生命体的繁殖系统是怎样出现的，以及气候给人类粮食生产带来了哪些影响。我们不禁要问："6 500万年前，如果陨石没有落在地球上，地球上的生命体如今会怎样进化？""如果宇宙大爆炸以其他细微的方式进行，宇宙会变成什么样子？"在寻找答案的过程中，大历史产生了。事实上，通过区分不同领域的各种信息，融合相关知识，并通过"大历史",我们找到了我们想要回答的"宇宙大问题"。

大历史是所有事物的历史,但它并不探究所有事物。在大历史中,所有事物都身处始于 137 亿年前并一直持续到今天的时光轨道上,都经历了 10 个转折点。它们分别是 137 亿年前宇宙诞生、135 亿年前恒星诞生和复杂化学元素生成、46 亿年前太阳系和地球生成、38 亿年前生命诞生、15 亿年前性的起源、20 万年前智人出现、1 万年前农耕开始、500 多年前全球网络出现、200 多年前工业化开始。转折点对宇宙、地球、生命、人类以及文明的开始提出了有趣的问题。探究这些问题,我们将会与世界上最宏大的故事相遇,宇宙大历史就是宇宙大故事。

因此,大历史不仅仅是历史,也不属于历史学的某个领域。它通过开动人类的智慧去理解人类的过去和现在,它是应对未来的融合性思考方式的产物。想要综合地了解宇宙、生命和人类文明的历史,就必然涉及人文与自然,因此将此系列丛书简单地划分为文科和理科是毫无意义的。

但是,认为大历史是人文和科学杂乱拼凑而成的观点也是错误的。我们想描绘如此巨大的图画,是为了获得一种洞察力,以便贯穿宇宙从开始到现代社会的巨大历史。其洞察中的一部分发现正是在大历史的转折点处,常出现多样性、宽容开放、相互关联性以及信息积累的爆炸式增长。读者不仅能通过这一系列丛书，在各本书也能获得这些深刻见解。

阅读和学习"万物大历史"系列丛书会有什么不同呢？当然是会获得关于宇宙、生命和人类文明的新奇的知识。此系列丛书不是百科全书，但它包含了许多故事。当这些故事以经纬线把人文和科学编织在一起时，大历史就成了宇宙大故事，同时也为我们提供了一个观察世界、理解世界的框架。尽管想要形成与来自织女星的生命体相同的视角可能有点困难，但就像登上山顶俯瞰世界时所看到的巨大远景一样，站得高才能看得远。

但是，此系列丛书向往的最高水平的教育是"态度的转变"，因为通过大历史，我们最终想知道的是"我们将怎样生活"。改变生活态度比知识的积累、观念的获得更加困难。我们期待读者能够通过"万物大历史"系列丛书回顾和反省自己的生活态度。

大历史是备受世界关注的智力潮流。微软的创始人比尔·盖茨在几年前偶然接触到了大历史，并在学习人类史和宇宙史的过程中对其深深着迷，之后开始大力投资大历史的免费在线教育。实际上，他在自己成立的 BGC3（Bill Gates Catalyst 3）公司将大历史作为正式项目，之后还与大历史企划者之一赵智雄的地球史研究所签订了谅解备忘录。在以大卫·克里斯蒂安为首的大历史开拓者和比尔·盖茨等后来人的努力下，从 2012 年开始，美国和澳大利亚的 70 多所高中进行了大历史试点项目，韩国的一些初、高中也开始尝试大历史教学。比尔·盖茨还建议"青少年应尽早学习大历史"。

经过几年不懈努力写成的"万物大历史"系列丛书在这样的潮流中，成为全世界最早的大历史系列作品，因而很有意义。就像比尔·盖茨所说的那样，"如今的韩国摆脱了追随者的地位，迈入了引领国行列"，我们希望此系列丛书不仅在韩国，也能在全世界引领大历史教育。

李明贤　　　赵智雄　　　张大益

祝贺"万物大历史"系列丛书诞生

大历史是保持人类悠久历史，把握全宇宙历史脉络以及接近综合教育最理想的方式。特别是对于 21 世纪接受全球化教育的一代学生来讲，它显得尤为重要。

全世界范围内最早的大历史系列丛书能在韩国出版，并且如此简洁明了，这让我感到十分高兴。我期待韩国出版的"万物大历史"系列丛书能让世界其他国家的学生与韩国学生一起开心地学习。

"万物大历史"系列丛书由 20 本组成。2013 年 10 月，天文学者李明贤博士的《世界是如何开始的》、进化生物学者张大益教授的《生命进化为什么有性别之分》以及历史学者赵智雄教授的《世界是怎样被连接的》三本书首先出版，之后的书按顺序出版。在这三本书中，大家将认识到，此系列丛书探究的大历史的范围很广阔，内容也十分多样。我相信"万物大历史"系列丛书可以成为中学生学习大历史的入门读物。

大历史为理解过去提供了一种全新的方式。从 1989

年开始，我在澳大利亚悉尼的麦考瑞大学教授大历史课程。目前，在英语国家，大约有 50 所大学开设了大历史课程。此外，在微软创始人比尔·盖茨的热情资助下，大历史研究项目团体得以成立，为全世界的青少年提供免费的线上教材。

如今，大历史在韩国备受关注。2009 年，随着赵智雄教授地球史研究所的成立，我也开始在韩国教授大历史课程。几年来，为促进大历史在韩国的传播，我们付出了许多心血，梨花女子大学讲授大历史的金书雄博士也翻译了一系列相关书籍。通过各种努力，韩国人对大历史的认识取得了飞跃式发展。

"万物大历史"系列丛书的出版将成为韩国中学以及大学里学习研究大历史体系的第一步。我坚信韩国会成为大历史研究新的中心。在此特别感谢地球史研究所的赵智雄教授和金书雄博士，感谢为促进大历史在韩国的发展起先驱作用的李明贤教授和张大益教授。最后，还要感谢"万物大历史"系列丛书的作者、设计师、编辑和出版社。

2013 年 10 月

大历史创始人　大卫·克里斯蒂安

David Christian

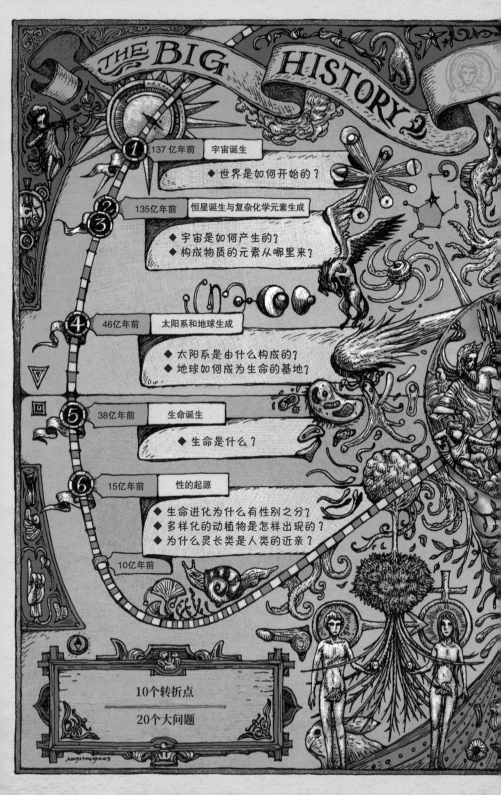

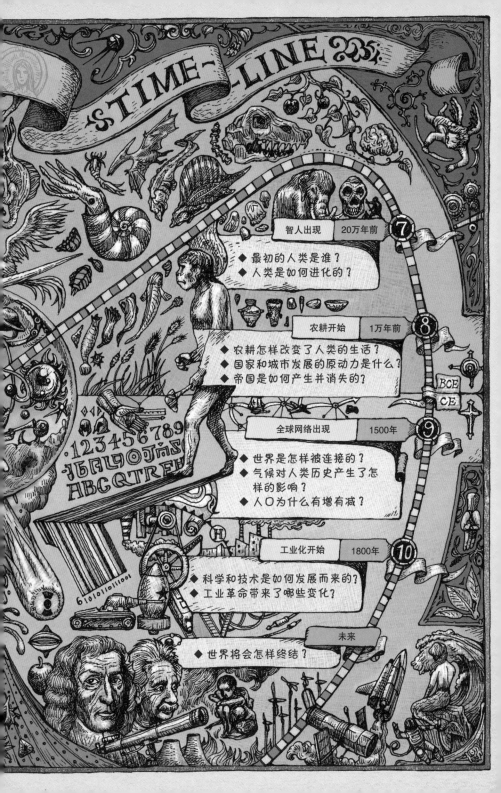

目录

5

模仿与文化

 拓展阅读

6

从灵长类到人

站在生命的树枝上

引言

人们都想知道生命是怎样开始的，也很好奇我们经历了怎样的过程才存在于地球上。

你修过坏掉的钟表吗？看起来好像很容易，像是打开表盖就能修好。不过，越详细地分解，就会发现越难以理解这些小小的零件是怎样精巧细致地层层组合起来的。很多人怀着好奇心打开了钟表，拆分出大量零件，结果却发现根本无法再次组装起来。钟表尚且如此，生命体的系统更是复杂。但无论多么复杂、困难，人类都非常关心周边的所有事物，并努力寻找答案。现代科学也帮助人类解决各种疑问。

生命体具有繁殖的本能，"生殖"是一个非常自然的现象。大部分生命体产生的后代总数远远大于其现存后代的数量。这些后代之间有相似之处，也各自拥有不同的特征。达尔文在《物种起源》中提出，生命能够将更适合在特殊的环境中生存的性状遗传给后代。人类巧妙地结合了父母的遗传信息。即便是兄弟姊妹，长得也不会完全一样，例如眼睛的颜色和身高等性状可能不同。其中，具有更适应特定环境的性状的后代更容易存活下来，它们再将这些性状遗传给后代，从而使种族延续下去。

我们来假想一棵树。这棵树的根深深扎入土地，根支撑着巨大的树干，树干伸展出很多树枝，树枝上又有很多叶子。达尔文把枝叶繁茂的树与生物界联系起来，认为"可以用一棵树来表示所有有亲缘关系的生物。挂着树叶的新树枝可以看作现在生存着的生物，它们是已经灭种了很久的族群的后裔。时间越久，伸展出的树枝越多，树枝末端就是现存的生物了"。

达尔文用生命进化树来解释最早的生命体开枝散叶形成新的物种的现象。他认为贯穿其中的原理是自然选择。一个物种有多个具有不同性状的后代，能适应环境的后代自然存活下来，这就是自然选择。我们可以用长颈鹿来解释这一理论。一群脖子长度不一的长颈鹿生活在一起，因为栖息地中有别的动物吃树上的叶子为生，所以低处的树叶越来越少。在这种情况下，脖子短的长颈鹿因为缺少食物而逐渐被淘汰。长脖子的长颈鹿存活概率高，因而更有可能将该性状遗传给后代，于是我们现在看到的就只有长

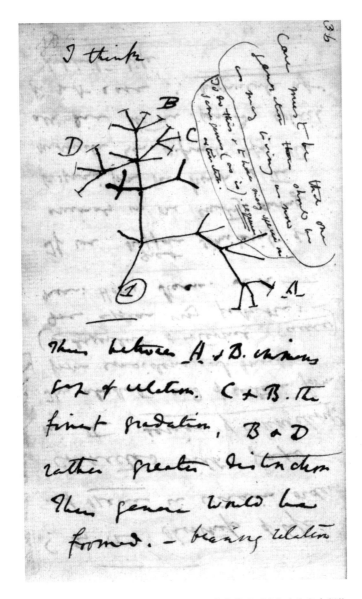

达尔文笔记上画的生命树。达尔文认为一个物种可以进化产生多个新物种，从而创造了生命的历史

脖子的长颈鹿了。

地球诞生数亿年后，海洋里终于出现了最初的生命体。此后诞生的生命体越来越复杂，位于生命树上的灵长类（正式名称是"灵长目"）的树枝最终发展出了人。在距今大约700万年前到600万年前，古人类从灵长类中分化出来，这意味着我们在从灵长类分化之前，与猩猩、黑猩猩、大猩猩、倭黑猩猩等大型类人猿都处在同一根树枝上，而占据这个位置的共同祖先就是灵长类与人之间的纽带。

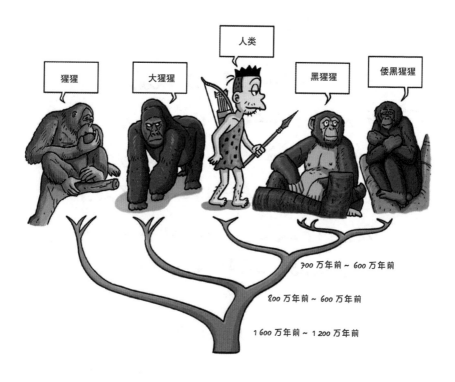

现在，让我们回溯到生命树刚开始萌芽的时候。我们将经过地球历史的转折点，来考察灵长类的树枝是怎样延伸出来的，考察在不同树枝上繁衍生息的人类与除人类之外的灵长类有多么相似和不同。通过该过程，我们可以从大历史的观点考察人类起源以及我们身体里所拥有的动物本能、社会性、道德性和创造性是如何得到进化和发展的。

本书的书名其实应该是《为什么人类之外的灵长类动物是人类的近亲》。灵长类包括所有种类的猴子（原猴亚目）和类人猿（类人猿亚目）。也就是说，人也是灵长类的一员，属于大型类人猿。灵长类是人类的近亲这种表达方式可能会造成误解，不过为叙述方便起见，本书书名定为"为什么灵长类是人类的近亲"，这里需要注意，我们省略了"除了人类"这一修饰语，本书中使用的"灵长类"和"类人猿"指的是"除人之外的灵长类""除人之外的大型类人猿（包括与人类最接近的大猩猩、猩猩、黑猩猩、倭黑猩猩）"。对于本文使用的这些概念，后文不再赘述。

为让大家一目了然地了解灵长类，我们绘制出灵长类分类谱系图。其中主要考察智力较高、前掌的结构与人手较为接近的类人猿，以及研究者们为了考察人类特性与各种行为的起源而关注的大型类人猿和猴类。

灵长类的树枝

通过分析地球上的化石，人类推测地球诞生于 46 亿年前。在地球诞生约 8 亿年之后，海洋里诞生了最早的生命。所有生物的共同祖先都是没有细胞核或细胞器的原核生物。所谓细胞器指的是由膜包裹的线粒体、叶绿体和内质网等。

原核生物没有细胞器，也没有核膜，原核与细胞质之间的界线不明显，内有环状的遗传物质（DNA）。原核生物还具有连接细胞膜和氨基酸，负责合成蛋白质的核糖体，以及在蛋白质合成过程中发挥重要作用的核糖核酸（RNA），核糖核酸可以传递遗传物质。我们熟悉的细菌就是典型的原核生物。

时间流逝，几种原核生物之间同享遗传物质与细胞质，就形成了原始真核生物。它们与生活在有氧地带的好

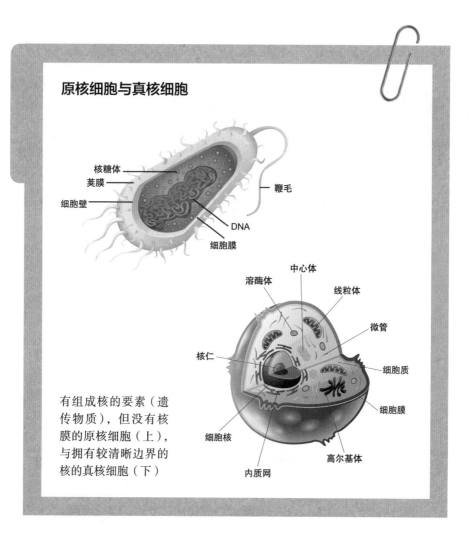

原核细胞与真核细胞

核糖体
荚膜
细胞壁
鞭毛
DNA
细胞膜

中心体
溶酶体
线粒体
微管
核仁
细胞质
细胞膜
细胞核
高尔基体
内质网

有组成核的要素（遗传物质），但没有核膜的原核细胞（上），与拥有较清晰边界的核的真核细胞（下）

氧菌共生，后者就是产生能量的线粒体。它们与运动型细菌共生，后者带来了纤毛、鞭毛和中心体。今天植物细胞中的叶绿体，则是早期真核生物与能够进行光合作用的细菌共生的结果。就这样，最早的生命体原核细胞就形成了以细胞核为代表的细胞器，然后进化成为真核生物。

指相化石与标志化石

保留了生活在地质时代的古生物遗骸或痕迹的岩石被称为化石。科学家可以通过在特定时期广泛出现但后来灭绝的生物的化石，来判断化石所在地层的生成时期，这样的化石被称为标志化石。只适应特定的环境并延续至今的物种的化石，可以告诉我们化石所在地层所属年代的环境特征，这类化石被称为指相化石。恐龙化石就是典型的中生代的标志化石。

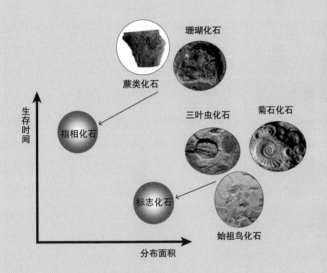

指相化石所载物种生存时间长，分布面积小。典型的指相化石有蕨类和珊瑚化石。蕨类生活在湿润温暖的陆地，珊瑚生活在温暖的浅海。标志化石所载物种的生存时间短，分布面积广。典型性的标志化石有三叶虫、恐龙与菊石的化石。三叶虫生活在古生代寒武纪，恐龙和菊石主要生活在中生代三叠纪。科学家可根据标志化石推测这些化石所在地层的年代。

地质年代表

隐生宙*						显生宙
前寒武纪					古生代 中生代 新生代
46				5.4	2.5	0.65（亿年前）

宙	代	纪		绝对年代（年前）	出现的生物
显生宙	新生代	第四纪	全新世	~ 现在	猛犸象、智人
			更新世		
		新近纪	上新世	~ 258 万	猫头鹰、蝉、企鹅、类人猿、南方古猿
			中新世		
		古近纪	渐新世	~ 2 300 万	不飞鸟、啮齿类（鼠）
			始新世		
			古新世		
	中生代	白垩纪		~ 6 500 万	裸子植物、恐爪龙、薄板龙
		侏罗纪		~ 1.45 亿	暴龙、腕龙
		三叠纪		~ 2 亿	翼龙、龟、沙尼龙
	古生代	二叠纪		~ 2.5 亿	异齿龙
		石炭纪		~ 2.9 亿	巨脉蜻蜓
		泥盆纪		~ 3.54 亿	甲胄鱼、空棘鱼
		志留纪		~ 4.19 亿	莱尼蕨
		奥陶纪		~ 4.43 亿	板足鲎类
		寒武纪		~ 4.9 亿	欧巴宾海蝎、奇虾、三叶虫
隐生宙		前寒武纪		46 亿 ~ 5.4 亿	单细胞原核生物

通过遗迹或史料推测出的时代被称为历史年代，通过化石等地层记录推测出的时代被称为地质年代。地质年代可根据生物界的急剧变化（大灭绝）或较大差异分为宙、代、纪、世、期等

* 现国际使用的地质年代表中已舍弃"隐生宙"，代之以早期为"太古宙"，晚期为"元古宙"。——编者注

距今约 38 亿年前，地球上生存的主要是细菌和古细菌等非常小的生命体。随着单细胞植物、动物、真菌的出现和繁衍，生命体逐渐变得更加复杂多样。

原核生物统治了地球约 20 亿年。其间地球上的氧气浓度等发生了变化，大约在 21 亿至 16 亿年前，地球上出现了最早的真核生物。接着经过多个进化阶段，多细胞植物出现了。在前寒武纪，多细胞动物出现。

在越来越复杂的生命之树上，也有一些树枝没有得到进一步伸展——由于各种原因，一些物种完全消失。受环境等因素的影响，历史上有过大部分物种一下子完全消失的情况，这种现象被称为"大灭绝"。在古生代末期的二叠纪，有 95% 的生物灭绝，存活下来的少数生物适应了极端的环境，使生命之树长出了新的枝蔓。经过很长时间再次稳定下来的地球生物圈与古生代相比发生了巨大的变化。

灵长类是在什么时候出现在生命舞台上的呢？从最早的哺乳动物到灵长类，其间经历了怎样复杂的变化呢？接下来让我们一起来探讨。

天敌恐龙的灭绝

生命出现以来，地球上一共出现过五次大灭绝。中生代三叠纪末期第四次大灭绝后，大型爬行动物统治了地球。恐龙大约在距今 2 亿年前繁盛起来。

考古学家在韩国海南郡牛项里和固城相族岩发现了恐龙脚印化石，由此推测这里曾经有恐龙生活。通过化石，可以推测出该恐龙是食肉恐龙还是食植恐龙，要移动到哪里去以及曾经做过什么。我们由此得知牛项里生活的是腿长 2 米、身长 8 米的鸭嘴龙。

恐龙是变温动物，体温可随环境发生变化。恒温动物为保持体温，需要消耗大量能量，而变温动物可节约能量。不过夜晚气温降低，变温动物体温也随之降低，活动性减弱。恐龙为了维持庞大身躯的行动能力，白天就需要摄取大量食物。

反之，中生代三叠纪出现的原始哺乳动物与我们一样都是恒温动物，为了保持一定的温度，需要消耗大量热量，但它们晚上也可以自由活动。整个中生代都是恐龙等大型捕食者的天下。原始哺乳动物白天为了躲避天敌的袭击，都藏在洞穴或地下，晚上再小心翼翼地出来寻找食物。它们的形态与老鼠相似。

巨型猎食者恐龙在中生代末期与新生代前期之间的 KT 界线所指示的时期消失了。这是一次大灭绝。根据当时留下的几种证据，科学家们分析了地球上无数恐龙同时消失的原因。现在为人们所公认的导致恐龙灭绝、开启了哺乳动物时代（新生代）的最有说服力的原因就是巨型陨

大带齿兽

大带齿兽是原始哺乳动物的一种，主要栖息在南非地区，左侧是它的复原模型，右侧是化石。它身长 10 ～ 12 厘米，据推测听觉和嗅觉发达

石撞击地球。

大约 6 500 万年前，一颗巨型陨石掉落在墨西哥尤卡坦半岛上。此次撞击引发了地震和海啸，微尘等物质在空气中持续飘了几个月，地球被灰尘与火灾造成的烟雾覆盖，使地球如同遭遇了核冬天。核冬天指的是核战争爆发后，世界各地发生大规模的火灾，数百吨微小液滴或固体粒子进入大气圈。这些物质数月不散，覆盖着地球，阻挡阳光，使地球变得如同冰期一样寒冷。一旦发生核冬天现象，地球环境就会发生大规模变化，给生态系统造成巨大的灾害。第五次大灭绝就是 KT 大灭绝，当时分布于地球各个角落的大型爬行动物，特别是恐龙全部消失了。

地球史研究方法

地球史研究是按照时间顺序研究地球上曾经发生的事，但我们了解过去的方法非常有限。迄今，人们经常使用的地球史研究方法大体可以分为五种。第一种基于同一过程说，即过去影响地球环境的自然现象现在仍在发生，因此可以以现在发生的现象为基础推测过去曾发生的事情。第二种基于地层叠加原理，即如果是没有发生过地壳运动的连续性地层，那么位于下面的地层理应比位于上面的地层形成时间早。第三种基于地层不整合原理，即大规模地壳运动形成的不整合面之下和之上的地层不连续，可能有巨大的时间间隔。第四种是侵入原则，即侵入岩比被侵入岩年轻。第五种是动物群迁移原则，即越是最近形成的地层，越能发现进化得更复杂的化石。

要形成不整合面，需要地层抬升两次，沉降一次。因而以不整合面为基准，可发现其上下地层存在巨大的时间差异

陨石撞击的证据——铱

中生代末期，地层中的稀有元素铱的浓度异常升高。铱是地表中含量非常少的元素，但却常见于来自宇宙的陨石。该时期地层中发现大量的铱元素，意味着当时发生了剧烈的陨石撞击，足以影响整个地球

　　大灭绝不仅是由撞击造成的，此后发生的二三级连锁反应，使地球发生了极端的变化，造成地质时期较短时间内无数物种灭绝。造成大灭绝的主要环境原因有火山爆发、海平面下降、陨石撞击、地球冷却、温室效应和缺氧等。科学家们指出，这些因素综合作用，造成了渐进式的大灭绝。

　　陨石撞击之后，环境急剧变化，地球上食物减少，地

球生态系统发生一系列灭绝事件。尤其是阳光被阻隔，植物大量灭绝，即便是食物链顶端的猎食者也因食物链断裂而灭绝。

不过，这却给最弱势的原始哺乳动物带来了新的机会。在生命的发展史中，大灭绝所起到的作用不仅是打乱了生态圈的均衡，造成了物种的减少，其实也为新物种的产生提供了生态位和地理空间。栖息在地下、岩缝或洞穴，主要在夜间活动的原始哺乳类（典型代表是与松鼠相似，有凿子状门齿和很多颗突起的巨大臼齿的一种动物）因为身材小、吃得少而幸存并繁盛起来，而恐龙等大型猎食者则从地球上消失了。哺乳类快速增加，变得多样起来。生活在树枝上的早期灵长类也是如此。

寻找灵长类的祖先

泛大陆

泛大陆之名来自魏格纳的提议，指的是 3 亿年前连成一整块的地球大陆。当时动植物活动频繁，各地物种均一化。

新生代初期，地球整体上气温上升，湿度增加。北极与南极变暖，也看不到冰川堆积的痕迹。中生代侏罗纪时期，超大型陆地泛大陆开始分裂，在新生代古新世，非洲与南美洲、南极大陆完全分离。与现在不同的是，欧洲与北美大陆之间有陆地连接，印度成为一个巨大的岛，朝印度洋北端移动。由于那时北美大陆和欧洲北部连在一起，所以如今两个大陆上生活的动植物类似。

在新生代古新世，灵长类终于出现了。此时欧洲与北美树林中出现了很多以树木果实为生的动物，包括与今天的灵长类和松鼠相似的哺乳动物更猴。通过分析已发现的化石，科学家们推测更猴头骨扁平，长吻上有与啮齿类相似的下巴和牙齿，四肢末端有弯曲得厉害的利爪。人们从更猴类的一种，即普尔加托里猴的化石中发现了其有便于抓握树枝、使关节转动的腕骨。这说明原始哺乳类可能先在地下或洞穴里生活，后来才适应了树上的生活。

恐龙真的灭绝了吗？

6 500 万年前，陨石撞击引发第五次大灭绝，恐龙真的在这一时期灭绝了吗？随着兼具鸟类与爬行动物特征的始祖鸟化石被发现，有科学家主张爬行动物进化成了鸟类。但很多鸟类学者指出恐龙没有锁骨，也不可能拥有保证飞翔的羽毛，因而对这一主张持反对态度。另外，发现始祖鸟的地层并不一定处于发现鸟类化石的地层下面，所以不能证明始祖鸟一定先于鸟类存在于地球上。直到最近，人们在恐龙化石中发现了锁骨和羽毛，几乎所有的学者都承认鸟类是恐龙的后裔。

大陆移动

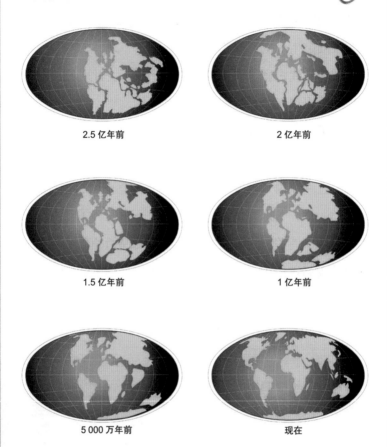

2.5 亿年前

2 亿年前

1.5 亿年前

1 亿年前

5 000 万年前

现在

不同时代的大陆分布图。中生代三叠纪的泛大陆是一整块大陆。中生代侏罗纪，泛大陆以特提斯海为界，分为劳亚古陆和冈瓦纳古陆。中生代白垩纪，美洲大陆西移，形成大西洋，印度与澳大利亚向北移动。现在印度横穿赤道，与亚洲连在一起

普尔加托里猴

普尔加托里猴是生活在约 6 500 万年前的更猴类动物，人类于 1965 年首次发现了它的化石。它整体看起来像老鼠，但根据化石推测，其与现存的灵长类一样很会爬树

从灵长类动物分离出来的更猴类是现代灵长类的祖先。那么，它与现代灵长类有什么区别？它身上只有灵长类具备的不同于其他哺乳类的特征是什么？

灵长类动物的大脑相对较大，大脑皮质分化清晰，嘴短脸平，视觉比嗅觉发达。灵长类动物的脑中有作为初级视觉中枢的由皮质包裹的距状沟，能立体地观察事物，区分光的波长差异，拥有认识颜色的复杂视觉体系，眼球周围有骨头环绕。与原始哺乳类相比，它的牙齿数量相对较少，可分为三类（负责啃咬与切断的门齿，负责撕开食物的犬齿，负责把食物弄碎、磨细的臼齿）。灵长类有可大角度向所有方向移动的肩关节，胸腔里有起到支撑肩膀作用的锁骨，可以直立行走。灵长类有手指甲与脚指甲，大脚趾的指甲平整，有两组乳腺，盲肠发达。生殖细胞受精形成的受精卵经过不断分裂形成个体的时间较长，一般一次只能生育一只幼崽。

当然，生命的多样性是通过变异实现的，因此即使是共同特征，也并不是所有的灵长类都具备，并且这些特征也不是只有灵长类才具备。

早期灵长类与狐猴相似，前肢与后肢短，尾部发达。它们可以抓住食物，其中很多种都像狗一样有突出的吻部。在中国湖北省的某个古老的湖底发现了距今约 5 580 万年前到 5 480 万年前的几乎保存完整的灵长类化石。人们将其命名为阿喀琉斯基猴，意为古代长尾猴。这种动物是眼镜猴的祖先，据推测体重可达 20～30 千克。通过分析化石的骨骼，可发现其整体特征与眼镜猴相似，但也体现出一部分类人猿的特征，这说明眼镜猴与类人猿的祖先可能比我们想象的更为类似。这比目前发现的最古老的灵长类化石早 700 万年左右，证明与眼镜猴来源于同一个分

灵长总目的分支

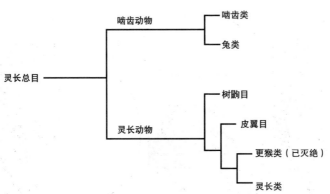

灵长总目是根据基因分析结果设置的哺乳动物总目之一，可分为啮齿动物与灵长动物。从灵长动物中分出了灵长类。灵长总目谱系图中的更猴类已灭绝

支的类人猿的分化时间可能比我们想象的要早。

类人猿类为什么能这么快分化出来呢？在大陆漂移之前，现在被大西洋隔开的欧洲与美洲，当时是由格陵兰岛连接在一起的，动物们可以由此往返两个陆地。据推测，动物们也可以通过连接亚洲与美洲的白令海峡（那里曾高于海平面）来回移动。另外，在距今约 5 000 万年前，印度与亚洲发生碰撞，位于亚洲与欧洲之间的狭长的图尔盖

阿喀琉斯基猴

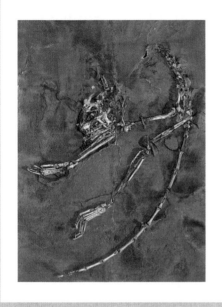

在中国湖北省中部发现的距今约 5 580 万年前的灵长类化石。发现该化石的研究小组认为这是灵长类进化谱系中最早产生的分支。

海峡干涸，陆地露出，欧亚大陆之间可以自由往来。

但在新生代始新世中期，各个大陆是相互隔绝的，动物因此基本停止跨洲迁徙。动物和植物在地理空间上被分隔开来，因此随着时间的流逝，各个地方的动植物都体现出各自独有的特征。当然，该时期的气候变化也是原因之一。

对北美中生代末期到新生代的树叶化石进行分析的结果显示，早期的树叶全部是宽大扁平的，边缘平滑，末端呈水滴状，是典型的热带雨林树叶。但后来树叶越来越小，边缘逐渐变成锯齿状，呈现出生长在寒冷干燥的地方的树叶所具有的特征。由此可见，在新生代初期，北美是温暖潮湿的热带雨林气候，到了新生代后期，温度急剧下降。

气候变化改变了环境，也给适应环境生存的动物造成了影响。从进化的角度来看，要想产生新的物种，需要发生遗传变异，也就是我们常说的基因突变。一般说到基因突变，我们会联想起负面内容，但实际上突变并没有好坏之分，只有是否适应环境的分别，例如以现有环境为基准，突变可能不利于生存，但环境变化后，该突变可能会使物种朝着更有利于生存的方向发展，于是携带该突变基因的个体繁殖的后代更多，而这些后代也可能产生新的突变。就这样，环境变化加速了类人猿的分化。

灵长类的谱系图

灵长类可以按照两种方法来进行分类。第一种是早期灵长类研究者们根据系统分类法将其分为原猴亚目与类人猿亚目。原猴亚目包括属于灵长目的眼镜猴与原猴，类人

系统分类法
林奈第一次体系化的生物分类方法，按照种-属-科-目-纲-门-界七个级别分类的方法。

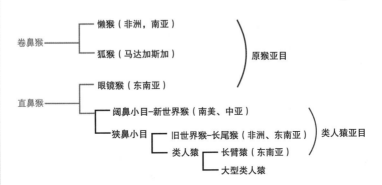

灵长类动物分类

根据系统分类法，灵长类可分为原猴亚目和类人猿亚目；根据鼻孔形状，可分为卷鼻猴与直鼻猴

猿亚目包括阔鼻目与狭鼻目。具体来看，原猴亚目就是除新世界猴、旧世界猴及类人猿的灵长类动物。原猴亚目可分为眼睛大，眼球无法转动，需要转动头部来确认周边状况的眼镜猴，以及不同于指甲扁平的高级灵长类的长着钩爪的狐猴，它们比类人猿拥有更多的原始特征。人们在欧洲和北美的新生代始新世地层中发现了原猴亚目的化石，在马达加斯加等非洲和亚洲地区也有发现。类人猿手脚扁平，指甲不尖锐，脸部短小，脑部相对于身体比例来说较大。类人猿亚目也包括新世界猴、旧世界猴等。

第二个方法是根据鼻孔形状大致进行两分。一类是像狗鼻子一样，鼻孔分开并且湿润的卷鼻猴（鼻孔之间距离

卷鼻猴与直鼻猴

属于卷鼻猴的狐猴（左）与属于直鼻猴的眼镜猴（右）。卷鼻猴的特征是鼻子潮湿，两个鼻孔间隔大，直鼻猴的特征是鼻子柔软干燥

较远）；另一类是鼻中隔狭窄且鼻孔干燥的直鼻猴（鼻孔之间距离较近）。

　　人类目前对灵长类的研究非常多，其分类体系相当复杂。大历史关注灵长类，主要是从生命的起源来看代代相传的动物特征是怎样遗传给人类的，在遗传的过程中又发生了怎样的变化，所以没有必要非常详细地掌握灵长类的谱系图。

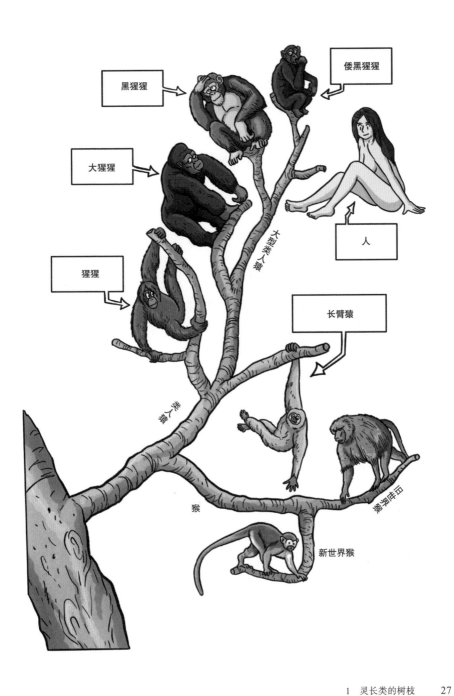

黑猩猩

倭黑猩猩

大猩猩

人

猩猩

长臂猿

大型类人猿

类人猿

猴

旧世界猴

新世界猴

大历史中的灵长类大体可以分为类人猿与猴两类。它们的身体特征中区别最明显的就是尾巴，即类人猿没有尾巴，猴子则有尾巴。更进一步来区分的话，类人猿包括猩猩、大猩猩、黑猩猩、倭黑猩猩、人组成的大型类人猿和长臂猿，猴可分为旧世界猴与新世界猴。它们各自的特征如下：

长臂猿

身体小而轻，前臂很长，用双足走路的时候甚至能触到地面。主要在树上群居生活，手脚可以抓住树枝，偶尔组织合唱。

大型类人猿

体型大的类人猿，尾巴短小或退化。前臂发达且长，能够抓住物体到处移动。

猩猩身高不足 1.5 米，体重 70 千克，身上长有褐色的长毛，前肢长，后肢短。生活在树上，能在树上筑巢，靠果实和树叶维生。

大猩猩身高 1.4～1.65 米，体重 150～290 千克，力量是人的好几倍。脑容量为人的一半左右，有排成 U 形的细长牙齿，犬齿尤其发达。后肢短，走路时脚跟着地，善于爬树，平常在地上生活，跑的时候手脚并用。与敌人对阵时，身体直立用手出击，拇指与人类类似。脸、手掌、脚掌上没有毛，胸部的毛也很少。

黑猩猩比猩猩和大猩猩更接近人，它们生活在非洲丛林里，身高约 1.4 米，体重 50 千克左右。前肢力量大，善于爬树，大部分时间在地面上生活。走路时身体稍微前倾，跑动时手脚并用。全身覆盖着黑色的硬毛，脸、手掌、脚掌上没有毛，胸部的毛也不多。有的黑猩猩是肉食类的，但大部分还是以植物为食。

旧世界猴

旧世界猴的化石主要是在埃及的新生代渐新世地层发现的，据推测它是在约 2 500 万年前从类人猿中分化出来的，主要栖息在亚洲和非洲地区。旧世界猴的臀部通常有赘肉，雄性个体的臀部颜色更鲜亮。

长尾猴是旧世界猴的一种，鼻孔朝下，鼻孔窄且间隔小。它们虽有长尾巴，但不善于缠绕物体。其牙齿数量与人一样，不过人的犬齿较短，臼齿部分退化。

在非洲和阿拉伯的石山上生活的狒狒吻部较长，犬齿与拇指发达。它们主要捕食昆虫与蜘蛛补充蛋白质，也爱吃水果。大部分旧世界猴都生活在树上，但狒狒生活在地面上。

赤猴

旧世界猴

长尾猴

狒狒

松鼠猴

新世界猴

黑掌蜘蛛猴

叶猴

新世界猴

据推测，新世界猴是在距今约 3 500 万年前，从生活在非洲的猴中分化出来的。它们只分布在中南美洲，鼻孔朝前，向左右两侧展开。上下各有 3 颗大臼齿，臀部的赘肉退化消失。新世界猴中的僧面猴智商与黑猩猩相近，脑部发达，体型更小，善于吼叫着扩张地盘或进行防御，群居生活。

如果将灵长类的进化用树状图来表示的话，那么与人位置最接近的就是其他类人猿，包括黑猩猩、倭黑猩猩、大猩猩和猩猩。最近的研究成果推测出了各种大型类人猿的分化节点，人类是在 600 万年前分化出来的，早于黑猩猩与倭黑猩猩，而大猩猩是在 800 万年前～600 万年前，猩猩是在 1 600 万年前分化出来的。因而大猩猩和猩猩跟黑猩猩和倭黑猩猩相比，与人相似的部分更少。不过最近研究类人猿的学者们比较关注的是大型类人猿的共性，如基因结构所具有的相似性、脑容量大、没有尾巴、序列复杂、群体规模大且形成了复杂的社会结构等。

乘着浮木渡海的猴子

原本住在非洲的猴子们怎么渡海来到美洲的呢？两个大陆没有曾经连在一起的痕迹，如果用大陆漂移学说来解释的话，时间的间隔实在有些过大。

受热带风暴的影响，有些巨大的浮木可以渡海到达别的岛屿或陆地，地质学家们便着眼于这一点，推测猴子们可能是乘着浮木漂流到了美洲。

秘鲁古猿的臼齿化石

据推测，最古老的新世界猴是秘鲁古猿，人类在亚马孙河流域发现了它的化石。它们与非洲猴非常接近，生活在约3 600万年前的南美洲。

距今大约2 000万年前，马达加斯加位于现在所在位置以南1 600千米的地方，洋流从非洲大陆流向马达加斯加。被台风刮断的树木在大海里漂流，灵长类可能就是这样从非洲大陆到达马达加斯加并繁衍生息的。

距今大约3 600万年前，也就是新生代始新世后期，海平面急剧下降，南美洲与非洲之间的距离比现在要近得多，两个大陆之间有很多巨大的岛屿，猴子们乘着浮木移动起来比较容易。考虑到当时洋流的流向与风向，猴子们乘着浮木经过8~15天便可横渡大西洋。

古生物学家马里亚诺·邦德的研究团队在秘鲁附近的亚马孙河流域上游发现了3种与当时的非洲猴非常类似的臼齿化石，为该假说提供了证据。

随生活地点变化的身体

下面按时期来简单分析新生代灵长类的分化。

距今 5 600 万年前到 3 700 万年前（始新世晚期），欧洲、亚洲及北美洲的灵长类几乎全部消失了，但在与其他大陆分离的非洲却不然。距今 3 700 万年前到 2 300 万年前（渐新世）的非洲，灵长类繁盛，很多种长尾猴和没有尾巴的最早的类人猿得以分化出来。

渐新世晚期，从非洲来到南美洲的灵长类分化为黑掌蜘蛛猴、吼猴、狨猴、卷尾猴等各种猴。

灵长类自 2 300 万年前到 600 万年前（新生代中新世中期）繁衍至欧亚大陆。1 600 万年前，以小型猿类（没有尾巴的灵长类）为首的灵长类离开非洲，快速在欧洲全境繁衍开来。欧洲大部分地区都发现了森林古猿的化石，

森林古猿的下颌骨

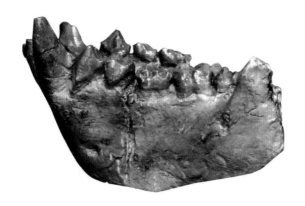

"森林古猿"意为"生活在森林里的猴子"。自1856年首次发现森林古猿的化石以来，人们在欧洲、北非、印度、中国及欧亚大陆其他地方都发现了其化石。据推测，森林古猿没有尾巴，生活在森林地带的树上

这种活跃于中新世晚期的物种现已被证实是现代猴的祖先。不过在距今900万年前，旧世界猴和森林古猿便从欧洲销声匿迹了。

非洲的灵长类分化为狒狒、短尾猴等各种旧世界猴，很多类人猿的种和属在这里分化形成，与我们一样同属人科的最早成员也出现了。

巴巴利猕猴（地中海猕猴）生活在非洲北部和直布罗陀，日本猕猴分布在除北海道外的日本列岛大部分地区，

这些灵长类基本都生活在北纬 25° 到南纬 30° 之间的热带地区。

灵长类的多样食性

灵长类的食谱各不相同，花朵、果实、树叶、树枝、昆虫，甚至小型动物都是它们的食物。像眼镜猴等捕食昆虫的灵长类的体重不会超过 1 千克。昆虫蛋白质含量丰富，但个头不大，并且一次可捕获的量也不大，如若这类灵长类体型过大，就无法以昆虫为主食。体重 10 千克左右的黑掌蜘蛛猴等灵长类以水果为生，比它们体型大的黑白疣猴则以树叶为生。也有什么都吃的杂食类——狒狒和黑猩猩主要以成熟的水果、树叶和树枝为食，但狒狒偶尔也吃年幼的瞪羚和羚羊，黑猩猩也捕食狒狒、长尾猴和红疣猴。

除人类之外的灵长类的分布
除人类之外的灵长类分布区域有限。马达加斯加有 41 种旧世界猴，其他非洲地区则有 63 种，包括日本在内的亚洲有 120 种旧世界猴。美洲有 79 种新世界猴。

最近，美国的生物心理学研究组发表了一项研究成果，主张以水果为主食的物种比以树叶为主食的物种脑部更发达。一般说来，消化纤维质含量高的树叶比消化水果需要更多的时间和能量。水果消化快，提供的热量高，有助于脑的进化。另外，由于要使用复杂的方法才能吃到水果，此类活动也有助于脑的发育。

此外，喜欢吃树叶的物种比喜欢吃水果的物种更倾向于定居生活。植物主要通过叶子进行光合作用，因而几乎所有的树上都有树叶，但并不是所有的树都结果实。因此，喜欢水果的物种为了找到水果，就需要不停地移动。而树林中到处都有树叶，以树叶为食的灵长类就不需要远距离移动，它们在相对有限的空间内就能吃到充足的食物，种群密度较高。

适于爬树的身体结构

大部分灵长类都生活在树上。一眨眼的工夫，它们就能从地面爬到树上，能用长臂荡秋千般地在树上来回移动，也可以在树木之间来回跳跃。

为什么灵长类善于爬树呢？观察它们的身体特征，就可以找到该问题的答案。我们先来观察它们的前掌和后掌。大部分灵长类的拇指与其他四指不是并列一字排开的，而

灵长类前掌与后掌的结构

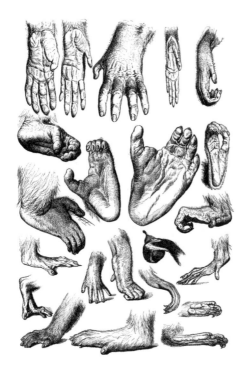

除人类之外的灵长类的前掌和后掌的拇指弯曲，便于抓住树枝

是处于与其他四指相对的位置，这样便于抓住东西。它们后掌的形状也与人不同，而与它们的前掌相似。大脚趾与其他脚趾相对，便于同时用前掌和后掌抓住树枝。前臂能当秋千使用的灵长类，它们的前肢比后肢长，拇指比其他四指的位置都靠下，便于摇荡着身体在树枝之间移动。

同源器官

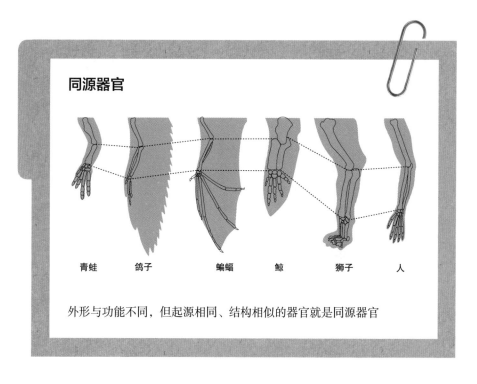

| 青蛙 | 鸽子 | 蝙蝠 | 鲸 | 狮子 | 人 |

外形与功能不同，但起源相同、结构相似的器官就是同源器官

除人类之外的灵长类也有手（前掌）和脚（后掌），并且每只掌上各有五指，且末端有指甲。从比较解剖学的角度来看，人类的手臂、蝙蝠的翼、鲸的胸鳍以及猫的前肢虽然看起来各不相同，但起源相同、结构相似，所以属于同源器官。也就是说，四足行走的哺乳动物的前肢与人的手臂的起源是一样的。

大部分灵长类的后肢比前肢长，很多种都可以双足站立。其中类人猿可以保持站立的姿态，自由地使用前掌。不过，其髂骨、股骨与腓骨之间有些错位，不能像人一样站得笔直，只能半蹲着走。

尾巴也是爬树时的重要工具。虽然有尾巴退化的无尾灵长类，但也有用尾巴缠绕树木等物体、皮肤无毛、神经敏感的尾巴卷曲的灵长类，还有尾巴长长却握不住东西的灵长类。尾巴可以帮助灵长类在爬树或跳跃时保持平衡，还能起到减速的作用。

类人猿是无尾灵长类。人类的尾骨已经退化，这种只留下一些痕迹的器官叫作痕迹器官。

高度进化的立体视觉

观察灵长类的眼睛，可以发现它们不同于其他哺乳动物，都朝向前方。两只眼睛都朝向前方，可以更立体地看事物。如果你遮住一只眼睛去抓前面的东西，会因为距离感消失而难以一次就抓住。这是因为，灵长类是利用两只眼睛来判断距离的。

立体视觉可以帮助灵长类判断自身与树枝之间的距离，前进的路上有没有障碍。因此，灵长类移动速度快，无论物体距离有多远，都能正确聚焦，还可以分辨颜色。不过这样一来，视野范围缩小，容易受到天敌的袭击。一部分动物学家认为灵长类通过采用群居的方式，来解决视野受限的问题。只有在可以明确区分对方是敌是友时，才有可能进行这样的合作。灵长类的立体视觉以及识别面部

灵长类的视觉

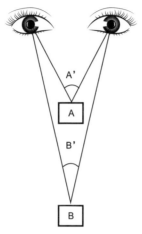

A 比 B 近，角 A' 比角 B' 大，
由此可以判断距离远近

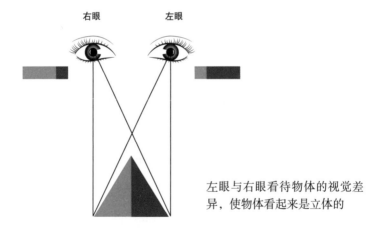

左眼与右眼看待物体的视觉差
异，使物体看起来是立体的

的视觉认知能力发达，这也促进了其脑部的进化。

　　脑的发育适应环境的变化，从而提高了生存能力。青蛙等两栖动物可以用肺和皮肤进行呼吸，如果皮肤干燥，将无法生存，因此，青蛙必须生活在水边。冬天水结冰时，青蛙就开始冬眠。但灵长类的脑发达，很容易适应环境的变化。

　　灵长类视觉发达，但鼻子矮而短，嗅觉不够灵敏。视觉比嗅觉发达，证明灵长类曾长时间生活在树上。

进化独特的哺乳动物

生活在海洋里的巨型动物鲸的外表与鱼类相似，但它们却是利用肺呼吸的哺乳动物。从新生代渐新世中期地层中发掘出来的鲸的化石可以看出，它们拥有没有退化为鲸须的牙齿。鲸的祖先体型较小，犹如猫狗，四足行走，后来迁徙到水边，最后融入了大海。在这一过程中，其前足进化为鳍，后足退化，只在身体里留下很小的痕迹。其体表的毛几乎退化殆尽，只有吻部周边还有一些感觉触须。皮肤变得光滑后，为了维持体温，皮肤下面形成厚厚的脂肪层，鲸的身体完全变成流线型。它有耳朵，但没有耳郭，外耳道与耳洞都闭锁到皮肤下面，可以起到感受水压的作用。不过它仍然用肺呼吸，胎儿在子宫里生长，也有肚脐。由此可见，即便都属于哺乳动物，外形却各不相同。

单孔目动物鸭嘴兽是最原始的哺乳动物之一，栖

座头鲸与虎鲸

鲸可以分为须鲸亚目和齿鲸亚目。须鲸亚目物种的牙齿退化成鲸须，齿鲸亚目物种仍拥有牙齿。也被称为"白须鲸"的座头鲸（上）就是典型的须鲸亚目物种，而虎鲸（下）则属于齿鲸亚目

鸭嘴兽

鸭嘴兽是独立进化的独特的哺乳动物。它像鸟一样卵生，但像哺乳动物一样哺乳。而从遗传学上来看，它又更接近于爬行动物

息在澳大利亚东部和塔斯马尼亚岛。目前发现的最早的鸭嘴兽化石形成于 1 500 万年前。鸭嘴兽的栖息地长期与世隔绝，它们独自进化。鸭嘴兽与针鼹是世界上仅存的两种卵生哺乳动物，它们没有乳头，用腹部两侧分泌的乳汁喂养幼崽。它们在水边挖洞，捕食水中的昆虫或小龙虾。鸭嘴兽包括尾巴在内，身长总计 40~60 厘米，重 0.5~2 千克。它有和鸭子一样的喙，

喙的末端长着鼻孔，眼睛小，没有耳郭和牙齿。其前掌和后掌上分别有五趾，脚蹼发达，便于游泳。游泳时，其眼睛、耳朵以及鼻孔关闭，喙像天线一样工作，可以感知周围的生物制造出的微弱电场。鸭嘴兽的尾巴宽且扁平，身体呈暗褐色，覆盖着柔软的毛。

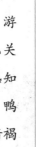

单孔目动物

哺乳动物中的一种。像其他哺乳动物一样，浑身被毛覆盖，给幼崽哺乳，是恒温动物。其排泄与生殖都使用同一个器官，这是与其他哺乳动物的不同之处。依此特征可以判定它们处于早期哺乳动物的进化阶段。

哺乳动物中唯一能飞翔的蝙蝠是怎样的呢？我们仅凭化石很难对其进行准确判定，但据推测，蝙蝠应该是从 6 200 万年前新生代古新世的鼩鼠的一种进化而来的。它们的前足和后足均有趾。第二趾到第五趾，以及前足第五趾与后足之间的皮肤像橡胶膜一样展开，发挥翅膀的作用。要想飞翔，就需要减轻体重，因此它们朝着减轻腿部重量的方向进化，大部分蝙蝠的腿部肌肉消失，只剩下韧带。由于腿部力量弱，它们不能像鸟一样站立在树枝上。但它们的后足各有五个钩状趾，可

蝙蝠

蝙蝠大小各异，小的只有 2 ~ 3 厘米，大的双翼展开后足有 1.5 米宽。在哺乳动物中，蝙蝠的种数仅次于鼠，分布在除北极和南极之外的世界各地。它们不同于鸟类和啮齿动物，属于胎生并哺乳的哺乳动物。

以安全地悬挂在树枝或岩石上。

　　蝙蝠是哺乳动物，但它们与爬行动物、个别鸟类一样，体温可根据活动程度及周边气温发生变化。有些蝙蝠在休息时，体温几乎可以与周边温度保持一致。蝙蝠是色盲，属于夜行动物。蝙蝠的口鼻处可发出超声波，依靠听觉器官感知遭遇障碍时反射回的声波，判断周围有什么障碍物。大部分蝙蝠一年生育一个幼崽，刚出生的幼崽几乎没有毛，前肢与后肢之间的翼膜也不发达，靠吮吸母亲胸部 1~2 对乳房里的乳汁长大。

翼膜
脊椎动物前肢与后肢之间的连接膜，供滑翔或飞行使用。

比鲁捷·高尔迪卡与红毛猩猩

　　灵长类动物红毛猩猩被称为"喜欢独居、享受孤独的人"。它们主要栖息在东南亚地区，属于食草动物。比鲁捷·高尔迪卡是一位女性灵长类学者，40多年来一直致力于研究红毛猩猩，著有《伊甸园的反思》《猩猩奥德赛》《伟大的灵长类旅程》等。

　　受灵长类学者戴安·福西以及珍·古道尔的老师路易斯·利基的影响，比鲁捷·高尔迪卡开始研究类人猿。她出生于德国，在加拿大读书，攻读硕士学位时恰逢路易斯·利基到她的学校做讲座。她对路易斯教授主张的研究灵长类对研究人类进化过程有重要意义很是赞同，于是给路易斯写信表明自己想研究红毛猩猩。1971年，她终于获得路易斯的资助，与丈夫一起前往印度尼西亚加里曼丹岛的森林里探索，并在普廷角国家森林公园开始观察红毛猩猩。

比鲁捷·高尔迪卡与丈夫一起生活在沼泽上自建的小木屋中。经过丛林到达红毛猩猩的栖息地去寻找它们，需要超人的耐心。一天，她去找当地的公务员交涉，要求他们把一只被偷猎者抓走的红毛猩猩给自己。在印度尼西亚地区，偷猎是非法的，比鲁捷·高尔迪卡得到了政府的协助，从偷猎者手中救出了一只小红毛猩猩，并与它生活在一起。高尔迪卡给这来到自己身边的第一只红毛猩猩起名"Sukitao"，与这只小猩猩在一起的生活虽然不像想象中的那么浪漫，但她仍然尽心尽力地照顾它，使其健康成长。

　　1971年圣诞节，高尔迪卡与丈夫第一次追踪到了红毛猩猩，并对一只雌性红毛猩猩"贝斯"和它的幼崽"波特"进行了长达10小时的观察。此后两年的时间里，高尔迪卡经常保持一定的距离独自观察红毛猩猩，并记录它们的社会性特征。

　　如预想的那样，观察红毛猩猩非常不容易。它们生活的丛林险象环生。在观察红毛猩猩时，她曾经不小心坐在树木的白色黏液上，生了一周的病，还曾经在搭新帐篷时受伤。不过她对红毛猩猩的研究热情从

比鲁捷·高尔迪卡

比鲁捷·高尔迪卡是致力于研究红毛猩猩的灵长类学家

未消退。有一次，她被砍树藤的刀伤到了腿，在回营地的途中偶然发现了红毛猩猩，她不顾疼痛，仍然坚持了很长时间去观察它。

对于红毛猩猩的这份执着，一方面使比鲁捷·高尔迪卡沉醉于自己的研究，另一方面也让她饱受抑郁症之苦。由于在密林中度过了太多孤独的时间，她在与常人交往和适应社会方面遭遇了很多困难。最终，她与共同观察红毛猩猩长达 7 年之久的丈夫离婚了。

比鲁捷·高尔迪卡至今仍致力于对红毛猩猩等灵长类的保护工作，她曾在印度尼西亚国立大学执教了一段时间，现担任加拿大西蒙·弗雷泽大学的教授。

伶俐的灵长类

电影和小说中经常会有移植的器官控制了人体的情景。移植心脏或肾脏的人，其实还是此前的那个自己。人们最好奇的是脑移植，那会发生什么呢？脑是人体发出命令的主体，人们认为谁拥有脑，谁就是身体的主人。大家可能都有身体不听脑指挥，做出与脑发出的指令相左的事情的经历，但脑是最体现人类主体意识的器官。随着科学技术的发展，人们对人脑的研究越来越多样、直接。而此前，研究人脑非常不容易，因而人类对脑的研究主要集中在动物领域。较高等的动物——猴就成为人类研究的对象。

猴的智商如何？有两只猴子看到游客车中的香蕉，展开了佯攻。其中一只猴子跑到香蕉的反方向吸引游客的注意，而另一只猴子则趁机偷走香蕉。由此可见，动物也不可小觑。包括猴子在内的灵长类都拥有一定程度的智商。

脑部结构与智商

一般来说，人脑重约 1.4 千克，占体重的 2% ~ 2.5%，这点重量却消耗人体每天所需能量的约 1/4。人脑之所以要消耗这么多能量，是因为它有大约 1 000 亿个神经元。

大猩猩的脑约重 500 克，黑猩猩的约重 400 克，红毛猩猩的约重 400 克。400 万年前的南方古猿，脑约重 400 克，与黑猩猩和红毛猩猩接近。

人类进化过程中产生的最重要的变化就是直立行走，人类的体形也随之朝着适合直立行走的方向发展，脑容量变大。不过，仅仅依靠脑容量的大小，并不能说明人类的

神经元

构成神经系统的基本单位，属于功能性和结构性单位，是细胞体和突起的总称。神经元可以将刺激传递给各个细胞，使身体做出感觉、运动、思考等生命活动。

进化。因为如若只看脑的绝对大小和重量的话，那么，大象和鲸的脑要比人的大且重。抛开其他原因，就脑与体重的比例而言，越大的动物，其脑占比越低。脑与体重的比例，老鼠为 3.2%，人是 2.1%，虎鲸是 0.094%。神经元的

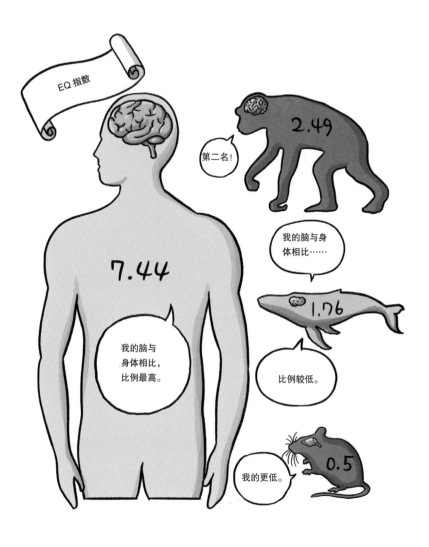

大小相对固定，因为就算体型不大，也同样需要脑中有控制身体各部分机能的系统。

　　20世纪60年代，哈里·杰里森探明了身体与脑大小之间的相关性，发表了计算EQ指数（脑量商）的方法。

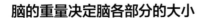

脑的重量决定脑各部分的大小

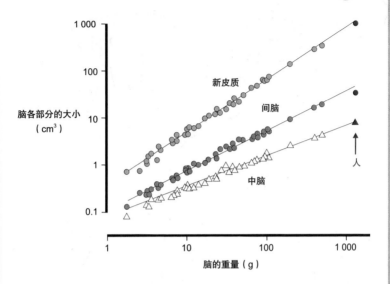

脑的重量决定类人猿的新皮质、间脑、中脑的大小。脑越重，新皮质就比间脑和中脑大越多

$$EQ = \frac{脑重量}{(0.12 \times 身体重量^{\frac{2}{3}})}$$

人的 EQ 指数是 7.44，黑猩猩是 2.49，须鲸是 1.76，老鼠是 0.5。由此看来，人脑确实比较大。

不过只从脑的大小、比例难以对智商进行说明。那么，到底什么与智商有关呢？答案是大脑新皮质。大脑新皮质产生思考。哺乳动物最明显的特征就是其新皮质是脑中最后得到进化的部分。低等哺乳动物的新皮质大部分由视觉、听觉等感觉皮质组成。越向高级哺乳动物进化，其联合皮质就越发达。

人脑的新皮质较厚，总面积大于黑猩猩和猴的。就算脑体积不大，但如果沟回够多，新皮质的面积也会随之增加。有关大脑皮质重量与智商的相关研究结果显示：新皮质越厚，智商越高。

接下来看一下由脑的重量决定的类人猿脑的各部分大小。我们已经了解到，脑重量的变化，造成大脑新皮质比其他部分更大。人的新皮质、间脑、中脑的大小与脑重量比较的数值，与类人猿类似，只不过构成脑的各部分的相对大小不同。例如，丛猴的大脑新皮质比中脑重 10 倍，人的大脑新皮质则比中脑重 120 倍。

1912 年，德国某家学术期刊上刊登过一篇论文，该文章认为人的额叶比其他灵长类的大得多。不过，最近的研究结果显示，人与其他灵长类的额叶大小差别不大，证明该论文的观点是错误的。不仅如此，枕叶、颞叶也与额叶一样，按一定比例膨胀。由此可见，在提高人类智商方面发挥决定性作用的并不是脑的特定部分的大小，而是整个神经系统的重新配置。

人脑 vs 灵长类的脑

黑猩猩或猴的脑与人脑有多么不一样？在考察灵长类的脑之前，我们先来考察一下人脑的特征。

环绕脑的最外侧的部分是头骨。头骨内，大脑表面即大脑皮质呈弯曲状分布在左右两个半球中。左右半球由扁平带状的神经纤维束，即胼胝体连接在一起。左右半球负责进行思考、计算、记忆等复杂的认知活动。被称为神经元的无数神经细胞接受刺激，发出命令。

大脑可分为皮质和髓质，皮质由灰质组成，分布着神经细胞体（soma, nerve cell body）。连接爬行动物脑和哺乳动物脑的旧皮质，与相对而言最后形成的皮质——新皮质，共同构成了大脑皮质。大脑皮质又可分为额叶、颞叶、顶叶、枕叶。

大脑的各个部分各自承担不同的功能。因而一旦某个部分受损，该部分的功能就会发生问题，不过，脑的其他部分仍可以正常工作。另外，在脑的一部分受损，相关机能也随之受损的情况下，如果经常对其进行反复训练，其他部分可以代替受损部分的机能。这样就形成了弥补损伤的脑部机能系统，这就是脑的可塑性。

我们通过视网膜成像来看东西，但如果不经过脑的处

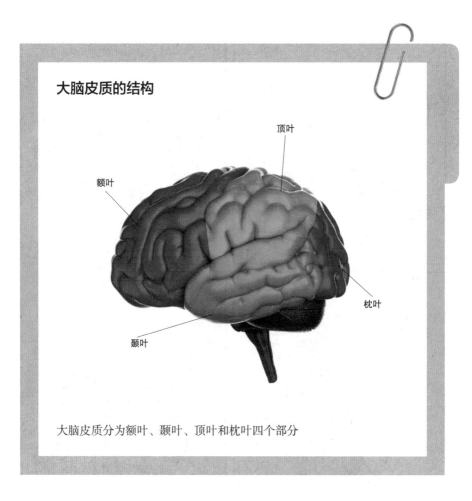

大脑皮质的结构

顶叶

额叶

枕叶

颞叶

大脑皮质分为额叶、颞叶、顶叶和枕叶四个部分

理，我们就无法把握该物体。枕叶负责分析进入眼睛的信息。如果枕叶受损，那么尽管眼睛本身没有什么问题，也看不到东西。

负责记忆的是额叶和颞叶。记忆有短期记忆与长期记忆之分，只记住数秒到一分钟的是短期记忆，而一直被记住的则是长期记忆。额叶就起到判断是短期记忆还

是长期记忆的作用。在长期记忆中，负责存储的是颞叶。它会整理那些长期记忆中很长时间没被使用的信息，所以才会发生明明一个词就在嘴边，却想不起来是什么的情况。

与记忆相关的另一个地方就是和海马共同构成大脑边缘系统的杏仁核。海马主管空间记忆，杏仁核主管与事件、个体的人生和活动等相关的感情或认识的记忆。杏仁核是掌管感情处理、注意力集中的重要部分。

海马在储存长期记忆方面发挥着重要作用。最近的研究结果显示：每学 50 分钟休息 10 分钟，比一次性学习 60 分钟更有利于记忆。人类进行了一项针对老鼠的调查研究，就是让一部分老鼠先运动，再去走迷宫，而让另一部分老鼠直接走迷宫，结果显示运动后去走迷宫的老鼠用时更少。对这些老鼠的脑进行分析后发现，在使短期记忆向长期记忆转换的过程中发挥重要作用的海马神经元变多了。

那么，脑中的哪个部分负责调节运动呢？答案是位于后脑下方的小脑。小脑与大脑一样，也由左右两个对称的半球组成。为使人体在重力影响下能够保持平衡，小脑接收感觉器官传递的信息，调节身体平衡。当骨骼肌随意运动时，小脑起到调节肌肉的作用。一般说来，擅长运动的人的小脑比较发达。

我们在运动场上跑几圈后，身体会变热。然后，身体会自发降温，并维持一定的温度。负责这项工作的是间脑，间脑位于大脑下方较窄的区域。间脑的主要作用是在我们体温较高时，使体温下降，向体外排出多余的钠，减

脑结构

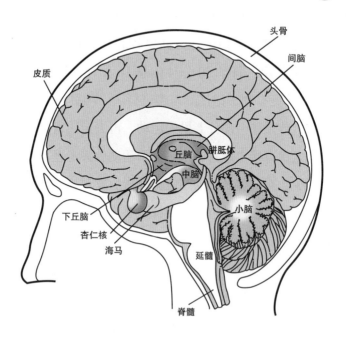

头骨里的脑大体可以分为大脑、中脑、小脑、间脑和延髓几个部分

少体内过多的糖。它努力工作，不受我们意志的影响，调节由交感神经与副交感神经系统组成的自主神经系统，调节分泌激素的内分泌系统，使我们的身体时常保持一定的温度、血液浓度和血糖水平。交感神经与副交感神经中的一个受到刺激，另一个就发挥抑制作用，使我们的身体维

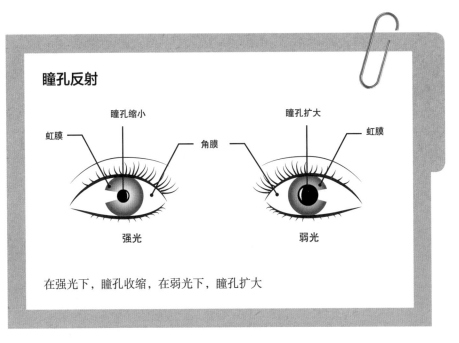

瞳孔反射

虹膜　　瞳孔缩小　　　　　角膜　　　　瞳孔扩大　　　　虹膜

强光　　　　　　　　　　弱光

在强光下，瞳孔收缩，在弱光下，瞳孔扩大

持一定的机能。

　　在电影或电视剧中，我们时常看到有人倒下后，医生用光照射其眼睛的场面。这样做是为了检测位于脑中央的中脑有没有受损。位于眼睛中央的黑孔是瞳孔，环绕在其周围的褐色部分被称为虹膜（东方人的虹膜一般是褐色的，西方人的多为绿色、蓝色）。中脑可根据光的强度，使瞳孔缩小或扩大，起到调节接收的光量的作用。如果中脑正常，那么一旦接收光线，虹膜就会松弛，瞳孔变小。而如果中脑受损，那么，即便有光反射到眼睛里，瞳孔大小也不会发生变化。

　　中脑下方是直接与我们生命活动相关的延髓。在延髓产生神经交叉，即经常使用右手的话，左脑发达，经常使用左手的话，则右脑发达。延髓中有调节自主神经系统活动的中枢，可以调节呼吸、心脏搏动以及消化过程。它还是发生反射作用的中枢，咳嗽、打喷嚏、分泌唾液、眼前突然出现某些东西时闭起眼睛等行为，都属于反射作用。由此可见，人脑中的各个部分各司其职，调节着人类的身体。

现在我们来比较一下在遗传学上与人非常相似的灵长类。一般来说，灵长类脑部的基本构造与人相似，大脑、小脑、延髓、间脑、中脑与人脑的分布一样。它们各自承担的功能也与人类没有很大的差别。

那么，是什么造成了猩猩、猴与人之间的差别呢？神经学家苏珊娜·埃尔库拉诺·乌泽指出，当类人猿的脑部神经元比例变大时，不是其神经元变大了，而是其产生了更多的神经元。这与长胖时，不是构成身体的细胞变大了，而是细胞的数量增多了是一个道理。

人类平均约有 1 000 亿个神经元，其中约 160 亿个位于大脑皮质中。如若人脑是黑猩猩的 3 倍，这么算起来，黑猩猩拥有大约 330 亿个神经元。如果黑猩猩拥有 1 000 亿个神经元，那其脑的重量就会和人脑一样，重约 1.4 千克，身体就会达到 55 ~ 70 千克，就要消耗更多的能量。

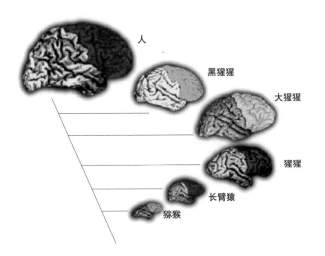

灵长类脑的大小比较

人与黑猩猩、大猩猩、猩猩、长臂猿、猕猴的脑的大小比较。用不同颜色标记出的部分是额叶

人类一天消耗的所有能量中有约 20% 被脑用掉。假设除人类之外的灵长类一天要吃 8 小时东西，那么它们摄取的能量所能支持的神经元数量最多为 530 亿个，因而其体重很难超过 25 千克。要想超过这一体重，就需要多吃，或者减少神经元数量。人类与猩猩和猴的不同之处就在于，人类可以通过烹饪摄取食物，从而获得更多的能量，这是人类神经元增多、脑变大的原因所在。

罗宾·邓巴指出，进行社会生活的灵长类的新皮质大小不同，维持稳定关系的社会群体的规模也各不相同。群体越大，需要传递的信息就越多，因而要维持复杂的关系，脑容量必须要大，新皮质也必须发达。

黑猩猩的认知能力

电影《猩球崛起》的主人公是黑猩猩恺撒，它的母亲在新药开发过程中被注射了治疗阿尔茨海默病的药物，脑变得异常发达。恺撒通过遗传拥有了人的智商，它用手发出指令，与他人沟通。那么，在电影之外，现实中的黑猩猩是怎样的呢？能不能进行思考和沟通呢？

借助把人类的神经当作一个信息处理系统进行研究的神经生物学和认知科学，有关动物认知能力的研究也得到了快速发展。动物行为学家格里芬将动物的认知能力定义为能够灵活应对新状况和挑战的行为适应。体现动物认知能力的典型行为如下：使用工具，构建结构，对进化史上没有接触过的新问题提出解决方案，欺骗，使用语言，理解复杂的社会结构等。

人类如果和小黑猩猩一起生活，并像教孩子说话一

《猩球崛起》海报

以 1963 年出版的皮埃尔·布尔的小说《人猿星球》为底本改编的电影共有 7 部。《猩球崛起：进化的开始》是原作小说的前篇（讲述的是比小说中故事发生时间更早的故事）

样教给它们手语，能实现沟通吗？遗传学家称没有在其他动物身上发现与语言能力有直接关系的基因。该基因使人的面部和下颌构造发达，使人能够说话和使用语言。但由此认为只有人才能进行沟通是错误的，因为已经有倭黑猩猩坎兹可以与人进行沟通的事例，也有证据证明黑猩猩可以与人进行简单沟通。沟通成为能够体现认知能力的一种证据。

黑猩猩的瞬时记忆力

即便数字只在屏幕上展示了短短一瞬，黑猩猩也能在画面上按升序将其准确地指认出来。黑猩猩的瞬时记忆力高于人类

日本京都大学灵长类研究小组认为小黑猩猩的瞬时记忆力远超人类。黑猩猩可以自己打开电脑，可以匹配单词和颜色，还可以指出触摸屏上出现的点的个数对应的数字。它们会按照升序点击屏幕上出现的数字。研究小组为了确认黑猩猩是否因经过反复训练，习得了测验模式才出现了这样的结果，就在按下第一个数字后，改变了后面数字的位置，然后再对黑猩猩进行测试，结果发现这次黑猩猩犯了错误。不过，黑猩猩很快适应了新顺序。

另一个实验是给黑猩猩很快看一下数字，然后让它找出数字的正确位置，结果黑猩猩快速准确地完成了该任务。研究小组以小黑猩猩、成年雌性黑猩猩以及大学生为

对象，分别进行了数字认知能力的测试，结果显示小黑猩猩表现最好。

德国马克斯-普朗克研究所开展的一项研究显示，黑猩猩会积极欺骗他人。实验规定，工作人员的两侧分别放有点心，工作人员只注视其中一份点心。工作人员一看到黑猩猩想拿点心，就赶快把点心先一步拿走。然后，黑猩猩就会表现出对点心毫不关心的样子，飞快地溜到工作人员看不到的一侧，把另一份点心偷走。

让研究者百思不得其解的是，黑猩猩是通过观察人身体的方向，还是观察人眼注视的方向做出的行动呢？为了搞清这一点，研究小组让工作人员转换身体和视线的方向，也就是让工作人员身体向左，而视线朝向右侧的点心。此时，黑猩猩正确理解了人的视线注意的地方，就朝着人的视线没有注意的地方移动，然后将点心偷走。这说明黑猩猩懂得了只要避开人的视线，就可以悄悄地把点心偷走。

黑猩猩展示出的多样的行为，是体现动物的认知能力的典型案例。我们还能说黑猩猩没有认知能力吗？

社会脑的进化

20 世纪 70 年代，灵长类学者安德鲁·怀滕与迪克·伯恩关注了猴子和类人猿觊觎统治者的地位、集体生活、为了独占美食欺骗同类等行为。与其他群居生活的动物不同，猴和类人猿通过单独行动，与群体进行微妙的相互作用，形成复杂的社会，这就是"马基雅维利智力假说"。

进入 20 世纪 90 年代，人类逐渐发现了灵长类的社会特性与其脑具有相关性，某些种的社会群体规模与其大脑新皮质大小有关，这就是"社会脑假说"。

人类、黑猩猩、猴全都过着集体生活，都具有灵长类的共同属性，即社会性。罗宾·邓巴发现维系社会生活的灵长类，其新皮质的大小决定了可维持稳定关系的群体的

规模，并揭示了群体所包含的具体个体数量。他认为，黑猩猩最多可以维持 55 只的稳定群体，形成社会关系，人最多可以维持 150 人的集体。150 人的人类集体这个数字被称为"邓巴数"。灵长类在群体内部与同类相互作用，理解自己所从属的社会的特性和个体所具有的主体性。虽然人类之间相互作用的形式非常复杂，但这实际上与黑猩猩通过相互理毛维持纽带关系，从根本上来说是一致的。

根据"社会脑假说"，群体越大，社会关系就越复杂，为了接收并记住相关信息，新皮质需要更发达，结果就是增加了脑容量。根据自然选择的基本原理，脑越大，能留下的后代越多，物种便可以不断得到进化。在狒狒群体中，社交能力强的雌性的幼崽存活率更高，便有力地证明了这一点。

至此，还有一个疑问没有得到解决。一般说来，人类的社会集体的规模是灵长类的 3 倍，这就意味着人的新皮质是其他灵长类的 3 倍。那么，为什么其他灵长类的脑没有发展得超过一定的比例，而人脑却一直没有停下进化的脚步呢？

研究者们把关注点放在了脑发展所需的巨额费用（巨大消耗）方面。脑比其他身体部位消耗更多的能量。人类通过改善膳食，有效地提高了能量的摄取量，从而有效减少了身体其他部位消耗的能量。此外，越是容易被捕食者捕获的物种，数量就越多，规模就越大。早期的非洲变成大草原后，对开始直立行走、爬树能力退化的人类来说，能够共同御敌的群体的规模就显得无比重要。当面临同样的环境压力时，灵长类之一的人类就步入了独特的进化轨道。

珍·古道尔与黑猩猩

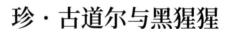

珍·古道尔是英国的一位动物学家，1957年，她见到考古学家路易斯·利基后受其影响，开始关注黑猩猩。珍·古道尔与路易斯·利基一起研究史前时代的人类化石，学习了观察自然的方法，利基建议她深入研究黑猩猩。利基关注的主要是史前时代的人类，他认为通过研究黑猩猩可以了解古人类的行为模式，拥有卓越观察能力的珍·古道尔就是适合该研究的最佳人选。

珍·古道尔于1960年前往非洲，在非洲的黑猩猩保护区生活了很长一段时间，从事黑猩猩的观察与研究工作。她至今仍在冈比森林的研究所里从事有关黑猩猩习性与生活的研究，每天都在林中观察黑猩猩，和它们建立了亲密的感情。有时她会用黑猩猩爱吃的食物诱惑它们，从而获得观察它们习性的机会，然后再将其记录下来。她的研究方法独辟蹊径，经过不懈努力，她有了很多有关黑猩猩的新发现。

珍·古道尔最初开始研究黑猩猩时，给它们分别起了名字。当时剑桥大学的动物学家们非常反对这种做法。他们认为给动物起名字，就好像认为动物与人一样拥有智商和感情，与研究对象过于亲密，会影响研究和观察的客观性。

但珍·古道尔却不这么认为。黑猩猩们逐渐接受了这位白色的"类人猿"。能够近距离接近黑猩猩，她才能具体地记录黑猩猩的生活。1963年，珍·古道尔的第一份研究成果刊登在《国家地理》上，人们就像看电视剧似的开始接收黑猩猩的相关研究成果，此前无人知晓的黑猩猩的生活方式及特性也给人们带来了新鲜感与惊奇。1965年，冈比研究所成立后，数百名对珍·古道尔的研究感兴趣的学生来到这里，其中很多人后来成为灵长类学者，并活跃在世界各地。同样，由于很多人的共同努力，人们逐渐知道了类人猿是与我们非常相似的存在。

今天，我们的近亲类人猿在非洲地区遭遇着生存

珍·古道尔与黑猩猩

毕生在非洲密林里从事黑猩猩研究的动物学家兼环境保护运动人士珍·古道尔。她与野生黑猩猩一起生活，开展保护它们栖息地的运动

危机。人们砍伐树木用作木材，毁掉树林开发农田，原本生活在丛林里的灵长类被杀害或贩卖。珍·古道尔目睹了非洲的哀伤，她决定改变人生的方向。她以自己的名誉和认知度为基础，开展拯救灵长类的运动。她通过"珍·古道尔研究所"募集资金，实施开发冈比地区的计划，开展保护冈比地区的经济、环

境以及灵长类的强有力的运动。

珍·古道尔指出，"我们的星球遭遇的最大危机，就是我们失去了希望"。她认为人类保护自然、保护灵长类的活动最终就是保护人类自己。我们对自然倾注多少努力，自然就会表现出多么惊人的恢复力。珍·古道尔现在担任联合国和平大使，她告诉我们，在地球上，人类应该以怎样的姿态与周围的动物共处。

我们相信自己，相信智慧和不屈的精神，一起前行！我们应尊重所有的生命，努力将暴力和偏见变成理解、同情和爱。

——珍·古道尔

灵长类的社会生活

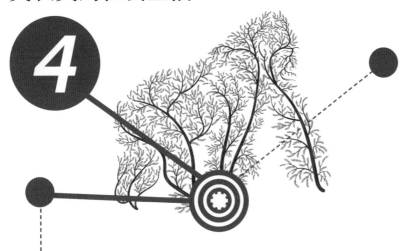

社会性也可以成为进化的对象吗？人们一听到"进化"一词，通常首先想起的是"长颈鹿脖子的长度""地雀的喙"，这些事例体现的主要是身体机能的变化。如果社会性也是进化对象的话，那么，人类形成集体并在集体内相互作用就都是进化的产物。

在自然界，包括人类在内的所有生命体不断展开竞争。植物为了获得更多的阳光展开竞争，如果植物被先长出的植物的叶子挡住，接收不到足够的阳光照射，就无法成长。雄性动物为了占有雌性，与其他雄性展开决斗。为了占有食物资源，它们各自标记出自己的领地，制定等级序列，获得竞争的主导权。

幸运的是，人类的直系祖先智人是一种社会性存在，他们通过复杂的相互作用形成文明，到达了其他动物无法企及的高度。人类是社会性动物，重视与其他人打招呼、交谈、吃饭，相互交流想法、交换信息。为了维持社会的安定，需要相互关心，也需要高度的妥协。如果人们为了填满自己的欲望而将战争视作家常便饭，那么城市和国家等社会结构便不会得到发展，人类也就不能通过集体学习实现技术的积累，不能通过网络频繁地进行交流，我们现在也不可能坐在这里安静地读书，而会忙着到处寻找吃食。

囚徒困境

我们通常认为社会生活或道德行为都是人类才具有的特征。但我们也知道，除人类之外的灵长类中也有物种具有与人类相似的社会关系。最近有关灵长类的研究证明社会生活也是进化的产物。此类研究的核心成果是灵长类中确实存在社会生活。此前一直被研究者当作本能的一些行为，现在看来其实是类人猿之间的相互约定。典型例证就是黑猩猩之间相互理毛的行为。黑猩猩们把很多时间花费在相互理毛上，这一行为除了有去除对方身上的虱子的作用外，还具有"和解""打招呼""表达爱意"等意义，这些都是通过最近的研究得出的结论。

在社会生活中，成员之间虽然存在竞争，但也要做出牺牲，给予对方帮助。规则和道德要求成员牺牲一部分自己的需求，牺牲与进化是两种原理不同的规则。根据达尔文的观点，进化的基本原理就是竞争。那么人类社会的善举，比如给腿受伤的朋友带午饭，或者帮朋友提行李，又或者消防员为救助被大火围困的人而勇敢冲入火海的事例等，就不符合进化的原理。牺牲是人类特有的行为吗？根据适者生存的进化原理，能够承担损失的行为是一种非常特别的行为。

最近，进化心理学从新的角度重新解读了基于达尔文进化论形成的竞争原理。除竞争外，合作也是生存策略之一。也就是说，为了生存，承受损失的"牺牲"也是生存之策。这种主张的依据就是游戏"囚徒困境"，该游戏中出现的行动，也是为了生存做出的行为。

什么是"囚徒困境"呢？虽然被称为"囚徒"，但实际是犯罪事实没有被认定的嫌疑人。两名嫌疑人分别被关进两间屋子里，相互之间不能进行沟通。警方要求他们坦白两人的罪行。假如两人都不承认自己的罪行，那么，警察就没有证据证明他们的犯罪事实，只能将他们释放。于是，嫌疑人之间的合作就显得非常重要，对他们来说，最好的策略就是都不要揭发对方的罪行。

警察提出了条件，即如果检举对方的罪行，就可以被释放，甚至还能得到一定的报酬，以此诱使嫌疑人背叛彼此。反之，只有一位嫌疑人检举另一人时，另一人就会比两人相互检举获刑更重。

囚徒困境游戏原理

		B	
		合作	检举
A	合作	A 和 B 都被释放	A 获刑 10 年
	检举	B 获刑 10 年	A 和 B 都获刑 1 年

阿克塞尔罗德和汉密尔顿通过囚徒困境证明，合作是对每个个体生存最有利的选择

冷静分析一下，就会发现两人都不检举对方才是上上策。不过，之所以把这种情况称为"囚徒困境"，是因为大多数人为了将自己的损失最小化，都会去检举对方。20世纪90年代，阿克塞尔罗德和汉密尔顿指出，"囚徒困境"这类博弈如果不是只进行一次，而是反复进行多次的话，就可能会出现不一样的结果。

阿克塞尔罗德和汉密尔顿以全世界的经济学家、数学家、科学家、计算机程序设计师为对象，进行了200余次"囚徒困境"实验。他们把这些研究对象分为两组，让他们分别承担囚徒A、囚徒B的角色，释放人数多或损失最少的组获胜。

该游戏的最佳策略反而是最单纯的"以牙还牙"，即

在游戏过程中，做出与对方在前一轮游戏中做出的选择相同的选择。无论对方此前做出的是"合作"还是"检举"，这轮都与对方此前的选择保持一致。也就是说，如果上一轮对方不检举，那"我"这轮也不检举；如果上一轮对方背叛，那"我"这轮也背叛，进行报复。需要注意的是，如果对方重新选择合作，那就原谅其之前的背叛行为，选择继续合作。选择这样的策略，自然就会迎合对方的行为模式，对方亦然。最终结果就是两者的行动模式吻合，行为趋于一致。

如果说"以牙还牙"是被各种经验证实了的最为稳定的策略，那么在进化过程中，处于相似群体的生物的行为模式就会表现出相似性，即在合作过程中，行为得到了修订。由此，我们可以推测人类之外的其他物种也是在长久的进化过程中，明白了竞争与合作并存的道理。因而自然界中发现的很多生物即便没有学习过"伦理道德"，同类种群也会相互协作生活。

合作与道德感的基因

在密林中，黑猩猩一旦发现猎物，就会发出奇特的声音，然后进行集体狩猎。每只黑猩猩发挥不同的作用，共同朝着目标努力。不过，很多黑猩猩参与行动，只为捕获

一只猎物看起来效率不高。灵长类学家指出这种看似低效的集体狩猎模式与其说是为了打猎，不如说是像上班族聚餐一样，是一种谋求亲密合作与社会关系的行为。

灵长类学家为了考察黑猩猩协同合作的程度，进行了一项"拽绳子"实验。该实验让两只黑猩猩分别拽动绳子，这样它们面前的两个食物桶就会被拽到近处。该实验要求两只黑猩猩看准时机同时拽动绳子，只有一方拽时，绳子就会滑脱，谁也得不到食物。

一开始进行实验时，经常出现一只黑猩猩拽绳子，而另一只放手的情况。但换掉其中一只黑猩猩后，新的组合立刻开始齐心协力，吃到食物。通过这个实验可知，黑猩猩合作时，会根据伙伴做出不同的选择，如果有可能，它们会自己来选择伙伴。

当黑猩猩碰到与自己关系好的伙伴时，能更好地进行合作。反之，如果两只黑猩猩处于上下级关系，那么，处于下级的黑猩猩就会认为反正怎么做也是上级优先获得食物，于是力量弱小的黑猩猩就干脆连绳子都不抓。在选择伙伴时，黑猩猩们也会清楚地记住哪只黑猩猩善于合作，并选择它们。

接下来稍微改变一下实验规则。这次是将实验设计成两边都拽动绳子，使唯一一个食物桶靠近自己后，吃到桶中的食物。这时，即便是关系较好的黑猩猩，也大部分不再选择合作。

科学家们对倭黑猩猩也进行了同样的实验，却出现了完全不同的结果。倭黑猩猩毫不犹豫地齐心协力拽起绳子，将桶里的食物平均分配，公平食用。由此可见，在倭黑猩猩社会，合作与相互关心的行为更加突出。

所谓"很关心别人"的标准，其实是多样的。有的人认为"对别人很大方的人"是关心别人的人，有的人则认为"对人亲切的人"才是关心别人的人。虽然标准各不相同，但共同点是关心别人的人懂得克制自己的欲望，对任何人都很公平，愿意相互照顾。这样的关心可以提升集体的纽带感，也是解决矛盾的道德感的基础。

集体生活中需要有共同遵守的规范，也需要有评价行为正确与否的尺度。道德感是超越生存竞争、维持集体和平秩序的决定性因素。人类总是主张道德感是人类独有的特性，但最近的研究却显示出了不同的结果，那就是灵长类也具有道德感。在灵长类社会，也存在感恩、分享食物、调节矛盾、和解、安慰等各种行为。

拥有道德感的一般前提是能够感觉到自己与别人是否得到公平对待。学者们做了一个实验，考察猴子是否能感知公平。实验是这样设置的：给很好地完成任务的猴子一根黄瓜，给另一只同样完成任务的猴子一颗葡萄。猴子更喜欢葡萄，而不是黄瓜。所以当另一只猴子也得到一根黄瓜时，第一只猴子没有任何反应，但当另一只猴子得到的是葡萄而不是黄瓜时，第一只猴子就会生气。

对黑猩猩进行同样的实验，得出的结果稍有不同，这里包含着更为复杂的意义。萨拉·布罗斯南把上述实验应用于黑猩猩，并假设遭到不公正对待的黑猩猩会如人们预想的那样非常生气。但黑猩猩的表现却与猴子不同，反而是那只获得了更好的报酬，即得到了葡萄的黑猩猩生气了。明明喜欢的是葡萄，而不是黄瓜，为什么得到了葡萄反而生气了呢？这是因为黑猩猩可以区分报酬的好坏，所以它们会对一切不公平感到气愤。获得葡萄的黑猩猩对于自己获得了好的待遇而同伴却没有，表现出了愤怒。

在圣地亚哥的动物园里，一位管理人员打扫环绕在倭黑猩猩饲养基地的深 2 米的壕沟时，抽走了里面的水。当他打开水泵再次注水时，一只年长的倭黑猩猩来到玻璃窗边大吼大叫。饲养员看了一下壕沟才发现，有好多小倭黑猩猩正在没有水的沟里玩耍。直到饲养员放下梯子，把所有的小倭黑猩猩都救出来之后，那只老倭黑猩猩才停止了吼叫。灵长类学家对倭黑猩猩的这种行为非常好奇，它们真的能与其他个体共情吗？

有一个关于英国特怀克罗斯动物园的倭黑猩猩库尼的著名故事。7 岁的雌性倭黑猩猩库尼发现了一只撞到玻璃窗受伤的鸟。于是，库尼抱着它爬到树上，试图用两只手送它飞向蓝天。鸟无力地掉在地上，库尼便爬到更高的树枝上，非常认真地帮鸟展开翅膀，以便帮它飞到围墙外。灵长类学家们经常在类人猿社会观察到类似的事情，并由

此断定类人猿具有共情能力。

那么，应该从什么角度来解读人类之外的类人猿行为体现出的道德感呢？首先，我们需要考虑的是道德感是否可以进化。有关进化的典型原理就是自然选择。生命体生活在存在生存竞争的环境中，只有适于生存的物种才能经过自然选择存活，通过变异，进化出更适应环境的个体。在适者生存的环境中，道德行为和合作如果能为生存提供有利的条件，那么，道德行为就会存在于我们的基因中，并遗传给下一代。

有一项实验可以证明合作是集体的重要生存原则。荷兰阿纳姆伯格斯动物园的黑猩猩饲养员们制定了一个规则，那就是只有当所有黑猩猩都进入室内之后，才给它们

伯格斯动物园

1971 年，荷兰阿纳姆伯格斯动物园打造了世界上最大规模的黑猩猩饲养基地。这里四面被人工河环绕，尽可能地保证黑猩猩不受人类干涉，能够像野生黑猩猩一样生活。弗朗斯·德瓦尔等灵长类学家曾在这里研究黑猩猩的社会生活

喂食。一天，饲养员把黑猩猩从室外往室内赶时，两只雌性小黑猩猩闹着不进屋。饲养员感觉到气氛不对，就为它们单独准备了睡觉的地方，把它们隔离起来。第二天，两只小黑猩猩在室外遭到了黑猩猩群的狂殴。因为它们闹着不进屋的行为破坏了既定规则，从而使整个族群都承受了代价。后来，两只小黑猩猩一到傍晚，就最先回屋。

这些黑猩猩的事例证明它们很清楚什么行为是关心同伴，什么行为是遵守规则。这说明，帮助和照顾他者的行为，并不是人类所特有的，类人猿在获得帮助后也懂得报答。在伯格斯动物园掌握终极权力的黑猩猩尼基，公开允许帮助过自己的雄性黑猩猩与其他雌性黑猩猩交配，甚至在帮助过自己的雌性黑猩猩遭到其他雄性黑猩猩的暴力对待时，它还会直接介入其中，帮其脱离危机。

也就是说，类人猿之间也存在相互帮助和相互关心。这说明，以人类为代表的所有灵长类都发源于共同的树枝，共有同样的基因，它们不仅在外貌、身体特征和DNA等方面比较相似，在行为方式、道德感和社会性等本质层面也有相似之处。

理毛与等级的社会学

进化心理学家关注动物的社会生活，以便解开人类行为的谜团。所有动物生存的必需条件都是获得周围动物的好感，并吸引它们。雄性向雌性求爱的行为，也出现在已经被驯养为家畜的牛和羊身上，这说明它们在被人饲养之前，就已经拥有了这种行为。进化心理学家还认为动物幼崽会通过游戏，学习必需的社会行为和技术。

在脑部更发达的灵长类身上，动物的社会行为表现得更加复杂，特别是从类人猿身上可以发现多样的表达方式和多种类型的行为。在动物园里，有时会发生黑猩猩向人噘嘴或投掷树枝的行为。这就像小孩为了获得父母的关注而故意捣乱一样，这些行为不是偶然出现的，大多数情况下都是有意而为。由此可见，黑猩猩的社会生活与人有着令人惊异的相似之处。

长期研究黑猩猩的动物学家弗朗斯·德瓦尔在观察黑猩猩的过程中，发现了 100 多种有规律的行为。这些行为模式同时存在于生活在不同地区的黑猩猩身上。要说这些行为之间存在怎样的差异，那大概就像人类打招呼时，韩国人是低头，美国人则是握手一样。

在群居生活的黑猩猩社会中，要维持相互之间的关系，最重要的行为就是“理毛”。理毛行为不仅是黑猩猩，也是大部分形成大规模群体的灵长类所具有的特性。那么，黑猩猩通过给对方理毛，维持了怎样的社会关系呢？

黑猩猩理毛时非常安静。它们专心致志地给对方理毛，为了找到更舒服的姿势，它们还会温柔地推按对方。用于表达亲和力的理毛行为，类似于人类相互用柔和的声音传递感情的行为。即使是同样的话，不同声调也会传递出完全不同的意义。人们生气的时候声音变大，音调升

黑猩猩的理毛行为

理毛是黑猩猩相互用前掌五指去除对方皮肤上的废物、灰尘等污物的行为。通过理毛，同一族群的黑猩猩可以促进相互之间的感情，增强纽带关系

高。心情好的时候，声音明亮，郁闷的时候，声音低沉。黑猩猩理毛的时候，接受理毛的黑猩猩会高兴地根据对方的指令，选择舒服的姿势。

黑猩猩不仅经常为自己理毛，而且在一些特殊情况下也不会放弃相互理毛。比如，两只争斗的黑猩猩停止打斗，突然解除紧张状态后，就会互相给对方理毛；雄性也会给有魅力的雌性理毛。不同情况下的理毛行为就是黑猩猩用于表达亲近感和好感的社会性行为。

　　在黑猩猩社会，通过理毛行为建立的纽带关系或等级非常重要。对于群居的灵长类来说，之所以要体现出等级差别，是因为等级可以提供很多方便。一般来说，等级高的黑猩猩最健康、最有力量。在黑猩猩社会里，健康和力量意味着拥有最优秀的基因。等级越高，越有保障吃到食物。该原则适用于所有的雌性与雄性灵长类。雌性拥有食物，意味着可以生出健康的后代。而雄性的等级则决定其可以在族群内与多少只雌性交配。黑猩猩与人类不同，等级越高的黑猩猩可以独占大部分交配机会。雄性只有尽可能地多交配，才能孕育更多的后代。当然，雌性也必须选择健康的雄性进行交配，才能保证后代获得优秀的基因，因此它们自然会选择等级高的雄性黑猩猩。

　　黑猩猩的等级决定了它们的社会生活。黑猩猩社会的等级不断发生变化。即便某只黑猩猩已成为绝对统治者，但生病、年老等也会造成其身体机能下降，这时就会出现新的挑战者，威胁统治者的地位。黑猩猩社会的等级调整伴随着无数暴力事件。接下来，我们来看一下暴力会给黑猩猩的社会生活带来怎样的影响。

今天我们要和阿纳姆伯格斯动物园黑猩猩中的统治者进行对话。

你好，鲁特先生。

首先感谢你不辞辛苦远道而来。

请问你是怎么成为统治者的呢？

咳

虽然我体型较大，但我并不是从一开始就是统治者。我不过是众多挑战者中的一个。

我不过是某天在与统治者的对决中获胜，从而改变了族群的排名而已。

你是通过怎样的方法获胜的呢？

我和雌性黑猩猩关系很好，我帮其中年纪最大的一只雌性黑猩猩理了很长时间的毛，还和它分享好吃的。确实花了挺长时间的。

你能持续保持统治者的地位吗？

不能啊！有一天我也会走下王座的。不过，希望我当统治者的时候，整个族群都能过着平安的生活。

鲁特陛下万岁！

暴力的政治

灵长类学家弗朗斯·德瓦尔曾亲身经历类人猿制造的残酷的暴力场面。某天，他接到了伯格斯动物园的电话，电话里说黑猩猩族群的统治者鲁特受了重伤。于是，他飞快地来到动物园，发现事态比他想的要严重得多。伤势严重、浑身是血的鲁特头靠在铁栏杆前，无力地坐着，仿佛生命将尽。它之所以伤得这么严重，是因为族群里的其他黑猩猩对它施以暴力。在鲁特的族群里，生活着原来的统治者叶罗恩和排名第三的尼基。也就是说，在该族群里，是这三只黑猩猩争夺王位。原来族群的领导者叶罗恩年老后，当时排在第二位的鲁特和第三位的尼基联手将其赶下了台。自此，鲁特掌握了权力，成为族群的统治者。不过，没过多久，新的挑战者尼基又与原来的统治者叶罗恩联合起来攻击鲁特。于是，该族群的统治者变成了尼基。

黑猩猩的研究者们最初不了解黑猩猩暴力行为的意义。他们一开始认为这不过是黑猩猩在争夺食物或自己想要的其他东西时，做出的野蛮行为。而最近的研究显示，这是维系黑猩猩社会的一种政治斗争。鲁特的遭遇是本能上重视等级、谋求更高权力的黑猩猩社会常见的现象。在该过程中体现出来的黑猩猩的暴力，绝不单纯。

接下来，我们来追踪一下鲁特死前发生的事情。原来，曾经是黑猩猩族群统治者的叶罗恩，为了保住自己的权力，利用了族群里雌性黑猩猩们的支持。原本排在族群第二位的鲁特为了成为统治者，向叶罗恩宣战的时候，曾避开叶罗恩的监视，折磨那些支持叶罗恩的雌性黑猩猩。例如，当感觉它们要和叶罗恩同处时，鲁特就会向它们示威或加以威胁。

这种行为的持续，导致雌性黑猩猩们不敢接近叶罗恩。当雌性黑猩猩远离叶罗恩之后，鲁特又开始努力修复与雌性黑猩猩们的关系。同时，鲁特努力把当时在族群里排名第三的尼基发展成自己的同伙，然后一起向叶罗恩发起挑战。最终，年老的叶罗恩处于劣势，把统治者的位置让给了年轻的挑战者鲁特。

此后发生的事情让人感到更加惊讶。先前的统治者叶罗恩不甘心让出老大的位置，尼基则开始接近叶罗恩。原来，尼基也在图谋成为统治者。尼基不断向鲁特挑衅，一有什么风吹草动，它就围在叶罗恩身边，显示两者关系亲密。同时，一旦叶罗恩出现在鲁特旁边，它就会发出黑猩猩特有的声音，以示不满。最终，尼基与叶罗恩联合起来战胜了鲁特，尼基成为族群的统治者。紧接着，叶罗恩就对曾经挑战自己并抢走了自己统治者地位的鲁特展开了残忍的报复。几番权力更迭后，鲁特落败，报复升级，酿成惨剧。

黑猩猩这种争夺宝座的行为与人类社会非常相似。全世界为争夺王位而发生的叛乱、战争、欧洲骑士们之间的较量以及现代社会的选举，都是人类为争夺权力而进行的竞争。人类的历史就是由比鲁特的败亡更加残忍的各种行为组成的血的历史。

体现黑猩猩暴力的另一个典型事例是雄性黑猩猩的杀婴行为。在黑猩猩族群权力交替的过程中，成为新统治者的黑猩猩会杀掉族群内的幼崽。虽然这一行为会遭到雌性黑猩猩的激烈反抗，但大部分黑猩猩幼崽仍然会被杀。研究黑猩猩的珍·古道尔目睹雄性黑猩猩屠杀幼崽的行为后，受到了巨大的冲击。

杀婴行为不仅发生在黑猩猩族群里。从老鼠到大猩猩，许多哺乳动物都有杀害幼崽的行为。幼崽被杀的概率因物种而异：灰长臂猿为 35%，山地大猩猩为 37%，红吼猴为 43%，青长尾猴为 29%。

日本灵长类学家杉山幸丸在 1979 年印度班加罗尔召开的会议上发表了一篇论文，文中提到雄性长尾叶猴赶走老的头领，占有所有的雌猴后，用犬齿把雌猴所有的幼崽都咬死了。研究大猩猩的戴安·福西也在一本书中记录了大猩猩族群的头领杀害了前一天晚上出生的所有幼崽。学者们认为，在黑猩猩或其他群居的类人猿族群的雄性之间存在着激烈的竞争，成为头领的雄性拥有独占该族群几乎所有雌性的特权。因而，新的头领赶走旧的统治者后，要把自己的基因传给后代，就会杀害拥有其他雄性基因的所有幼崽。

珍·古道尔所在的非洲冈比地区发生的黑猩猩族群之间的战争也是较为典型的例子。当地有一个黑猩猩族群，

后来分裂成分别居住于该地南北两侧的两个族群。它们原本在一起玩耍、理毛、打闹、分享肉类，共同生活，但族群分裂后，它们就转变成敌对关系，开始了激烈的对抗。一旦在族群交界地区发现陌生巢穴，它们就会拽着树枝做出威胁，直到把对方的巢穴毁掉。两个族群的黑猩猩相互捕杀，在丛林中穿行的黑猩猩可能会被另一个族群捕获，然后被残忍杀掉，场面如同恐怖电影。不久前还在一起玩耍的黑猩猩们，现在却令人发指地相互吸食对方的血液。年轻的黑猩猩有可能不认识对方，但大部分老黑猩猩之前都曾经是伙伴，但它们依然参与斗争。

黑猩猩的暴力行为与一项有关人类的心理学实验表现相似，这就是也被称为"路西法效应"的斯坦福大学的监狱实验。1971年，心理学家菲利普·津巴多在斯坦福大学的地下室里模拟了一座监狱，让18名参与该实验的学生分别扮演警察和囚犯，并在模拟监狱生活2周。但实验只进行了6天就停止了，因为原本完全没有做警察经验的参与者们逐渐变得残忍，做出了一些伤害他人的行为，而扮演囚犯角色的学生们就像真囚犯一样，出现了神经衰弱症状，还有一些人掀起了暴动。在实验中断之前，担当警察角色的大部分学生都表现出了平常没有的暴力倾向。他们原来都是完全没有精神障碍，没有犯罪和违禁药物服用经历的大学生。警察、囚犯的角色也是实验开始前由抽签决定的。

　　菲利普·津巴多通过这项实验，提出无论天性多么善良，如果处于允许做出邪恶行为的环境中，谁都会变坏。黑猩猩的行为与不管亲疏或纽带关系，为了集团利益而行使暴力的人类社会非常相似。

　　20世纪70年代，一些有关黑猩猩的暴力和不合作行为的研究结果公布后，人们开始理所当然地接受自己本性中残忍的暴力倾向是进化的产物的观点。在人类的历史上，战争绵延不断，政治、宗教、人种等各种集团之间的矛盾也远远没有消失。但事实果真如此吗？与冈比的黑猩

斯坦福大学的监狱实验

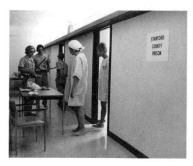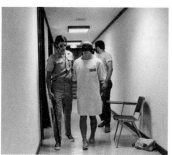

身心健康、出身于中产阶级并受到良好教育的大学生，在这个模拟实验中扮演警察和囚犯。扮演警察的学生逐渐变得专制、暴力，并虐待囚犯，而扮演囚犯的学生则逐渐变得被动、意志消沉，甚至神经衰弱

猩表现出灵长类暴力的一面不同的是，刚果万巴<u>丛林</u>里的倭黑猩猩则展示了类人猿中也存在着和解的 DNA。

类人猿的和解协调能力

20 世纪 80 年代，研究倭黑猩猩的学者们在刚果的万巴目击了令人惊诧的场面。当时，两个倭黑猩猩族群相遇了，它们在一起和平地度过一个星期后分开。两个群体的倭黑猩猩一开始相遇时，发出高喊、惨叫，以示警告。但它们没有暴力相向，没有打斗。不久后，雌性倭黑猩猩摆出了交配的姿势，向另一个群体打了一个倭黑猩猩式的招呼，于是，它们开始相互理毛。年龄相仿的幼崽们在一起玩耍，雄性偶尔也短暂地聚在一起。同样的场景也出现在刚果洛马科的倭黑猩猩栖息地，这里的两个族群最初也是互相警告，后来变得亲近起来。这样的和解行为是只有倭黑猩猩才具有的特征吗？

德瓦尔对发生在伯格斯动物园黑猩猩之间的特别事件进行了如下记录。某个寒冷的冬天，室外的温度很低，黑猩猩被赶入室内。其中一位头领为了显示自己的威力，而攻击一只雌性黑猩猩，这时，其他黑猩猩为了保护这只雌性黑猩猩与之发生了冲突，并引起了骚动。不久，骚动停止，室内一片寂静，族群沉默了 2 分钟，就像在等待什么发生。突然，所有的黑猩猩一起高喊"呜呜"，一只雄性黑猩猩开始敲击角落里的金属桶。刚才打斗的两只黑猩猩相互拥抱接吻，其他的黑猩猩注视着它们。

可见，类似的和解行为常见于类人猿之间。黑猩猩打斗后，发出攻击的一方会帮另一方检查伤口并为其舔伤。还有一个案例，一只黑猩猩攻击了研究人员，它安静下来后，露出非常担心的表情，走过来查看研究人员的伤口，并帮其包扎。

类人猿的行为让人联想起一些有趣的事情。想查看对方的伤口，说明其内心感受到自己的暴力行为给对方造成了痛苦。也就是说，内心肯定怀有不好的情感，才会给对方造成伤口。而消除这些负面情感需要时间，受伤者也需要一定的时间，才能接受加害者接近自己。我们把这种接受加害者靠近的行为称为"原谅"。我们一般认为"相互原谅"是人类特有的，而类人猿也向我们展示了这一行为。那就可以说，人类与其他类人猿的共同祖先拥有这一行为。

我们可以把带领灵长类族群的头领的行为与人类社会的领导力进行比较。在倭黑猩猩族群里，雌性体现出的领导力非常特别，可以为长期处于男性中心主义的人类社会提供新的参考。

倭黑猩猩族群的头领是雌性，虽然雄性中也存在等级差别，不过雄性的等级是由其母亲决定的。雌性的等级高，那么其子的等级就高。倭黑猩猩与其他类人猿不同的一点在于，雌性的领导力在维持族群和平方面起到核心作用。下面的例子集中体现了雌性倭黑猩猩的领导力。

某天，非洲刚果罗拉雅倭黑猩猩保护中心里来了一只伤得非常重的雄性倭黑猩猩。在热爱和平的倭黑猩猩族群里发生这种程度的暴力实属罕见。造成它重伤的始作俑者就是该族群的雌性头领。受伤的雄性倭黑猩猩在保护中心里接受治疗的第二天，雌性头领就带着族群来保护中心看望它。

灵长类学家休·萨维奇·伦博为了考察倭黑猩猩社会是如何维持和平的，进行了如下实验。在族群里其他个体都注视着的情况下，给单独隔开的雌性倭黑猩猩潘巴尼莎葡萄干和果汁。潘巴尼莎露出疑惑的表情，然后用手指着果汁，示意也要给别的倭黑猩猩果汁。研究者照做后，别的倭黑猩猩高兴地应和，这时，潘巴尼莎才安心。它的行为可以解释为，它了解维护自己所属群体的公平公正的办法。

在与其他群体发生冲突时，倭黑猩猩维护自己群体的态度依旧。在野外生活的倭黑猩猩族群与其他族群相遇时，它们不会给对方致命的打击，也不会进行武力冲突。虽然在它们刚见面时，气氛会有些紧张，但打过特殊的招呼之后，它们就会打成一片。

在黑猩猩社会，雌性的领导力也能大放异彩。德瓦尔在伯格斯动物园里观察黑猩猩时，发现其雌性领导者马马可去世后大约一年多的时间里，该族群没有雌性领导者。某天，两只小黑猩猩争斗起来，把成年雄性黑猩猩都牵扯进来，阵势越来越大。这时，一只名为皮埃尼的雌性黑猩猩突然站起来，瞬间，所有黑猩猩的目光都投向了它。于是，它就在所有黑猩猩的注视下，走到两只打架的黑猩猩面前。它先来到先发火的雄性黑猩猩面前，为它理毛，做出和解的动作。然后它又为其他雄性黑猩猩理毛。皮埃尼一出现，雄性就停止了打斗。以这一偶然事件为契机，皮埃尼成为该族群的雌性领导者。可见，理毛是黑猩猩族群维持社会生活的最重要的和解手段。

黑猩猩对公平的认知能力非常卓越。在等级分明的黑猩猩社会里，经常会发生打斗或比拼，但通过观察新的领导者从竞争中胜出并掌握等级序列的过程，我们可以发现，不是单纯的力量大小就能决定领导者。伯格斯动物园的黑猩猩头领在两群雄性黑猩猩展开激烈决斗时，同时教训了它们，并制止了打斗。在情况趋于稳定的过程中，只要看到谁还有要打斗的迹象，黑猩猩头领就会对它进行威胁。领导者的公正干预是维持黑猩猩社会的重要领导力。

黑猩猩围绕食物展开争斗时，年纪大的黑猩猩就会介入其中，公平分配食物，制止争斗。等级高的黑猩猩妨碍比自己等级低的黑猩猩交配时，周围的雌性黑猩猩就会朝等级高的黑猩猩叫喊，揶揄它，这样，等级高的黑猩猩也不敢欺负等级低的黑猩猩。

群居生活的灵长类社会以拥有领导力的头领为中心得以存续。它们相互结盟，履行自己的责任，相互关心，维持族群。要做到这一切需要智慧。要制约有损族群利益的

暴力行为，维护等级秩序，同时要让群体的成员获得公正的待遇，还要通过和解与成员共享温暖，这与人类社会非常相似。这是灵长类为了生存而学会的和解方式，这种基因也分明存在于人类当中。

倭黑猩猩的性生活

大多数灵长类研究者都认为倭黑猩猩是与人类最为接近的类人猿。在 20 世纪中期人类开始研究类人猿之前，黑猩猩的特征和行为为人类理解自身提供了重要依据，而随着有关倭黑猩猩的研究变得越来越多样，人类对自身的理解进一步拓宽。

倭黑猩猩非常聪明。研究者发现它们可以把树叶折起来舀水喝，还会使用长棍子去够自己用手无法够到的东西。有的倭黑猩猩在跨越环绕着动物园的壕沟时，还会像撑竿跳运动员一样借助竹竿的力量。在美国进行过一项能证明倭黑猩猩非凡认知能力的典型实验。被认为是最聪明的雌性倭黑猩猩的坎兹，展现出令人惊讶的学习能力和使用人类语言的能力。

学习了单词的坎兹，听到研究者说出的单词后，能够准确找出相应的卡片。训练反复进行，坎兹最终学会理解一些句子。比如，当坎兹听到"小狗"与"注射"后，能够找出正确的卡片。当研究者说"坎兹，给小狗打针"时，坎兹就会把"注射"的卡片放在"小狗"的卡片上，做出给小狗打针的样子。美国公共电视台的纪录片介绍了坎兹，全世界都为之震惊。

早期倭黑猩猩的研究者特拉茨与海因茨·赫克分析了倭黑猩猩与黑猩猩之间的区别，并揭示了它们之间的不同。在赫克设定的项目中，已得到确切证明的差异如下。

第一，倭黑猩猩敏感、活泼，胆子有点儿小，而黑猩

聪明的倭黑猩猩坎兹

坎兹懂得 200 多个单词，拥有 3 岁孩子的语言水平，懂得使用石器和火，还能通过手语表达自己的情感或状态

猩性格粗鲁、急躁。在对倭黑猩猩研究活跃起来的 20 世纪 30 年代，欧洲爆发了第二次世界大战，有三只生活在动物园里的倭黑猩猩所在的城市遭遇了空袭，这三只倭黑猩猩因此心脏停搏而死。发生空袭的当夜，动物园里的黑猩猩则没有一只出现异常行为，只有这三只倭黑猩猩恐惧致死。第二，当黑猩猩威胁他者时，它们尾部的毛会竖立起来，但倭黑猩猩则极少竖起尾部的毛，这说明倭黑猩猩威胁他者的频率低于黑猩猩。第三，黑猩猩在自己的族

倭黑猩猩的性行为

倭黑猩猩通过性行为缓解紧张、解决矛盾

群里频频打斗，但倭黑猩猩族群则很少发生激烈冲突。第四，黑猩猩遭遇攻击时，会抓住对方撕咬，而倭黑猩猩则是用脚踢对方进行防御，使其不能靠近自己。

倭黑猩猩与黑猩猩虽然同属类人猿，但它们之间存在着根本性差异。倭黑猩猩拥有比黑猩猩更细腻的感情，这也使人类在进化过程中追求和平与和解本性的假说具有了合理性。灵长类学家特别关注与黑猩猩属于不同种的倭黑猩猩。不过，研究倭黑猩猩时也会面临一个困难，那就是倭黑猩猩的性生活较为"色情"。

黑猩猩重视等级，经常发生暴力行为，而倭黑猩猩则几乎没有像黑猩猩那样撕咬对方、猛烈攻击对方的行为。倭黑猩猩通常采用性行为来解决矛盾和表达亲密感。不太了解类人猿的人，在观察倭黑猩猩时经常会感到惶恐，因为他们发现倭黑猩猩一天会进行数十次不同体位的性行为。

最近，研究者们指出，要把倭黑猩猩的性行为看作集中交换多种信号的行为。它们的性行为类似于人类之间打招呼、解除矛盾的行为，是它们之间特有的社会行为。人类社会也有各种各样的打招呼方式。在泰国，人们双手合十，低头示意；波利尼西亚的原住民相互碰鼻子；在欧洲，关系亲密的朋友轻吻对方。不同的文化有不同的打招呼方法，倭黑猩猩就是通过性行为代替打招呼。它们通过频繁的性行为表示好感、缓解紧张感，维持倭黑猩猩社会的和平。

德瓦尔认为，在灵长类社会，雌性为了避免雄性杀婴，会采取两种策略：一种是跟多只雄性交尾，以至于无法分辨幼崽的父亲，这样，即便雄性有杀婴行为，也不会杀害所有幼崽；另一种是只和一只雄性交配，明确幼崽的

父亲是谁，因为明确自己的孩子是谁之后，父亲自然会保护自己的孩子。德瓦尔主张倭黑猩猩在进化过程中采用第一种方法，人类则采用的是后一种方法。

事实上在倭黑猩猩社会，基本不存在杀婴行为。至少迄今为止，研究者还没有类似的发现。这可能是因为倭黑猩猩社会是母系社会，也可能是因为它们总是像人类打招呼一样频繁地进行交配，所以无论哪只倭黑猩猩，都不清楚自己的父亲是谁。无论雄性力量多么强大，也不会做出减少将基因遗传给后代的机会的行为。

为什么倭黑猩猩不如黑猩猩有名？

　　倭黑猩猩是最后为人所知的大型类人猿。1929年，德国解剖学家恩斯特·施瓦茨在调查一块据推测是小黑猩猩的头骨时，发现该头骨的颅缝是闭合的，而现存小黑猩猩的头骨的颅缝应该是打开的，也就是说，这个小头骨的主人应该是成年黑猩猩。而施瓦茨认为，该头骨的主人是与黑猩猩不同的其他类人猿，后来类人猿研究的先驱罗伯特·耶基斯通过对各种类人猿特性的集中研究，确认该头骨属于一个新物种。20世纪30年代，对倭黑猩猩的研究得到了真正的发展，以德国慕尼黑海拉布伦动物园为中心，开始了对倭黑猩猩与黑猩猩的比较研究。

　　倭黑猩猩的身体条件及特征比黑猩猩更接近人类。两者的体重相似，但倭黑猩猩的体型更修长、挺拔。它们有着修长的身材、小小的头颅和长脖子、窄肩膀，黑色的脸上有鲜艳的红嘴唇、小耳朵、宽鼻孔，这是它们与黑猩猩的主要区别，也是更接近于人的地方。另外，它们的身体比例与人类更接近，黑猩猩头大、脖子厚、肩膀宽，而倭黑猩猩上身短小，四肢修长。特别是倭黑猩猩的臀部较高，很容易就能挺直上身，可以在站立或走路时保持直立。实际上在野外观察倭黑猩猩时，就会发现它们手拿食物，用两只脚直立行走。

虽然倭黑猩猩是与人类最为相似的类人猿，但今天对它们的研究仍处在起步阶段，原因有三。第一，研究者很难接近倭黑猩猩的栖息地。最典型的倭黑猩猩的栖息地位于非洲刚果地区的巨大湿地中，而人类难以靠近这里。灵长类研究的特殊性要求人类长期住在其附近进行观察，而这里实在令人类难以接近。更重要的是倭黑猩猩只生活在这一地区，在别的地方很难看到它们的踪影。

倭黑猩猩研究没有受到重视还与它们"色情"的

倭黑猩猩的直立行走

倭黑猩猩以与人非常相似的直立姿势行走

性生活相关。有关倭黑猩猩的纪录片很难在电视上播放。当全家都聚在一起看电视时，有关倭黑猩猩的纪录片简直就是"19禁的色情片"。因而，在最初有关倭黑猩猩的研究中，有关性行为的内容都使用拉丁语记录。令人费解的拉丁语研究报告不仅使阅读者，也使写报告的研究者们难以提起兴趣。

最后一个使倭黑猩猩研究不够普遍的原因是倭黑猩猩感情细腻，因而很难将它们饲养在动物园里，德瓦尔研究倭黑猩猩时，全世界动物园里的倭黑猩猩不过百余只。

目前，灵长类学者们不断呼吁国际社会保护倭黑猩猩的栖息地。非洲战乱和椰子油生产严重破坏了倭黑猩猩的栖息地，使它们的数量急剧减少。虽然人们在不断努力保护倭黑猩猩，但仍然有不少包括倭黑猩猩在内的类人猿成为人类生存的牺牲品。

模仿与文化

父母看到孩子与自己长得一样，会感到很神奇。孩子年龄越大，其表情、眼神、话语和行为就会越像自己的父母。子女模仿父母学到的行为方式扩展到所在地区和社会，就会形成一种文化。人类学者将整个社会的技术、艺术、风俗、行为方式等定义为文化，动物学家们也将特定动物群体内的类似行为模式定义为文化。这两个定义的核心是人与人、动物与动物之间存在类似的行为方式。

同样是由大豆制成的酱，韩国的叫大酱，日本的叫味噌，中国的叫黄酱等，名称各异。各地区的酱各有差异，但制作酱的行为模式在整个亚洲地区是类似的。即便是在韩国，由于不同地区的食材不一样，各地的酱也各有特色。

父母的基因相结合并遗传给后代，这一过程不断反复，该物种就会变得更多样，并进化出新的形态。进化生物学家认为前一代留下的工具、语言、知识、规范、思想和艺术等文化也像基因一样通过集体学习得到复制，形成新的行为模式，并引导文化进化。这种基因被称为"文化基因"（Meme，也作"模因"）。

文化进化的核心机制就是模仿前代的行为，将其变为己有，并对其进行发展、创造。从前面的论述我们可以看出，人类与类人猿都从共同祖先那里获得了社会性、道德情感及和解能力等特性，那么模仿与创造这两种能力，也来源于同一根源吗？

人类通过集体学习，将获得的知识和文化遗传给后代。对类人猿的研究，可以帮助我们进一步理解打造了人类今天生活的文明的根基以及人类的特殊性。

使用工具的类人猿

聪明的倭黑猩猩坎兹会使用多种工具，从而改变了人们只有人才会使用工具的认知。典型的事例就是坎兹会生火烤棉花糖吃。研究者在树林里布置了一个放着一袋棉花糖、火柴和一堆乱七八糟树枝的实验场所，然后把坎兹带到那里。坎兹发现了自己最喜欢吃的棉花糖后，没有直接拿起来吃，而是观察了一下周围的状况。它把木柴捡起来，可能觉得大树枝不方便引火，就用手将其折断，然后堆成一堆。坎兹就像人类野营时点篝火一样堆好树枝。准备工作完成后，坎兹从火柴盒里拿出一根火柴并划着，然后让火靠近较小的树枝并引燃了柴堆。点燃后，坎兹拿出棉花糖，将其串在小树枝上，放在火上烤。该实验说明坎兹会自己烤棉花糖吃。

第一次看到坎兹上述行为的人，会感到难以置信或非常神奇，也有人感到非常惊诧。不过，对于研究倭黑猩猩的人来说，坎兹的行为却很寻常。考古学家们进行了一项实验，考察坎兹与数百万年前的古人类是如何使用工具的。研究者在坎兹所在的地方放了一个箱子，这个箱子必须用尖锐的刀才能打开。然后，研究者在坎兹面前，把粗大的石头像锤子一样砸向地面，从而形成很多碎片，再把碎石片递给坎兹。于是，坎兹用石片尖锐的一面割断绳子，打开了箱子。坎兹为了找出石片尖锐的一面，还把石片的刃放在嘴唇上感受其尖锐程度。反复实验后，坎兹学会了自己砸石头制作石片并加以使用。而人类出现以后，使用时间最久的工具就是石器。

除倭黑猩猩外，也有不少关于其他灵长类使用工具的事例。生活在西非几内亚博索村后山上的黑猩猩口渴时，

会将树叶咀嚼成海绵状，放入树洞中的水里吸水，这样一次就可以饮用较多的水。另外，在吃有嚼劲的椰子芯之前，它们会先像捣蒜一样将其捣软，然后食用。

黑猩猩"修剪"树枝吃白蚁的形象也让人叹为观止。移动中的白蚁攻击性较弱，黑猩猩会使用短树枝；攻击白蚁窝时，很容易被咬到，黑猩猩就使用较长的树枝。在寻找地下的白蚁时，黑猩猩会在各处插上去掉了残枝的木棍，受到攻击的白蚁会分泌一种信息素，黑猩猩根据信息素找到其位置，在那个洞里插上细树枝，捕食攻击树枝的

黑猩猩捕食白蚁

黑猩猩把树枝放入蚁窝里，白蚁就会爬上来攻击树枝，然后黑猩猩就把树枝抽出，把树枝上的白蚁吃掉

白蚁。这时，黑猩猩会再用一招，即用牙齿把树枝末端咬成好几段，白蚁为了不从树枝上掉落，会拼命咬住纤维质，而这时黑猩猩就可以一次吃到很多白蚁。

灵长类使用工具的事例屡见不鲜。使用树枝捕食白蚁，把树叶折成碗状舀水喝，用石头敲击坚果等，都是为人们普遍所知的灵长类的行为。我们也见过黑猩猩为了显示自己的力量，使劲拽动树枝发出嘈杂声音等夸耀性行为。懂得如何使用工具，能够预测使用该工具时会产生怎样的效果等，都是灵长类所具备的重要能力。

灵长类能如此好地驾驭工具，始于其开始直立行走。四足行走的早期哺乳动物开始直立行走后，前肢就获得了自由。在该过程中，它们进化得可以更自由地利用周边环境。也有学者反对直立行走先于手（前掌）的进化。2009年《科学》杂志上刊载了440万年前的古人类的化石照片。该化石名为拉密达猿人（始祖地猿，或地猿始祖种），据推测它既可以像猴子一样用大脚趾抓住树枝，也可以用双足行走。该化石前掌的拇指与其他指头相对。它的存在提供了一个新的假说，那就是脚（后掌）的进化可能晚于手。在进化的时间轴上，手和脚到底哪一个最先步入进化之列，是以后还要继续研究的课题。

虽然目前还存在上述争论，但很明确的一点是灵长类的手指结构便于它们提或夹东西。除人类之外的大部分灵长类，都有善于抓住树枝移动的手指和脚趾。特别是大脚趾的结构非常适合它们挂在树上，而人的手指则可以握成拳头，拇指也可以单独自由活动。人与类人猿最大的差别体现在脚趾结构上。人的大脚趾与其他脚趾平行排列，脚底板扁平，最适合直立行走。

始祖地猿的身体结构

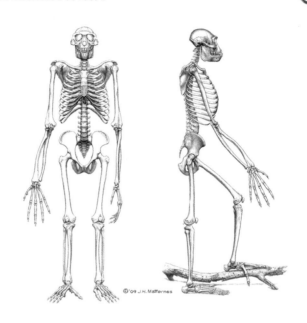

1992 年，美国人类学家怀特的研究小组在埃塞俄比亚发现的化石的修复图。该化石的主人身高约 120 厘米，像猴子一样在树上生活。人们推测它处于朝着直立行走进化的初级阶段

　　人类的手和脚进化得可以非常巧妙地使用各种工具。我们用手握笔写字，使用筷子，敲击电脑键盘，在手机键盘上打字传递信息。在没有这些工具的时代，手是进行沟通的重要工具。法国人类学者安德烈·勒鲁瓦-古朗认为，在使用语言之前，古人类用手和面部表情进行沟通，随着

类人猿的手（前掌）和脚（后掌）

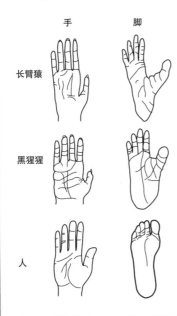

手　　　脚

长臂猿

黑猩猩

人

长臂猿的大脚趾与其他脚趾明显分离，与人类的看起来较为相似，但这种结构适合悬挂在树上移动。黑猩猩的前掌适合在树上生活，但不同于能握成拳的人手。人需要掌心着地，才能爬着走，但黑猩猩可以用掌背触地，支撑着身体直立行走

口腔结构和声带的发达，开始可以发出分节的声音。曾经只用于使用工具的手，也慢慢具有了传递想法的功能，促进了人类朝着使用语言的方向进化。那么，人类之外的其他灵长类是通过什么方式进行沟通的呢？

类人猿的沟通方法

动物也有各种表达想法的方法。小狗开心时会晃动尾

巴，会四脚朝天躺着露出肚子，受到威胁时会龇牙。小猫心情不好或警告对方时，会竖起毛或竖起尾巴。这就是动物之间进行沟通的例子。像黑猩猩、倭黑猩猩等形成社会群体，过着社会生活的类人猿需要更为复杂的沟通方式。在群体社会，表达想法的动物和接收该想法的动物，必须按照一定的约定或规则进行沟通。人类已经开展了很多针对灵长类沟通方式的研究。

弗朗斯·德瓦尔给到访伯格斯动物园的一位中学生出了一道考题，让他猜一下谁是自己研究的黑猩猩群体的头领。这位学生虽然不知道区分黑猩猩等级的方法，但还是很轻松地认出了头领。因为该群体中只有一只总是竖着毛，像日本的相扑选手一样"哐哐"地走来走去的黑猩猩。其他等级低的黑猩猩都以自己的方式朝这只黑猩猩致意，它们的致意像喘气一样短而快，嘴里还发出"啊哈啊哈"的声响，这是一种表达亲密感的方式。等级低的黑猩猩仰视等级高的黑猩猩，还会像鞠躬一样行礼。它们有时也会将树叶或棍子等递给等级高的黑猩猩，并亲吻它的脚、脖子和胸脯等。接受行礼的等级高的黑猩猩有时会踩踏等级低的黑猩猩或干脆从它头上跨过。

德瓦尔认为黑猩猩用表情和声音来表达自己的心情。黑猩猩惊讶、痛苦或打斗时，会比高兴时露出更多的牙齿，并发出"咯吱咯吱"的类似于金属摩擦的声音，这种接近于悲鸣的声音会引起周边黑猩猩的警惕。此外，它们还通过呜咽、吼叫、耍赖、叹息等表达情感。德瓦尔最初不能区分这些声音，后来发现在同样的情况下黑猩猩会发出类似的声音，才明白原来声音是黑猩猩进行沟通的工具。

黑猩猩会像小孩一样伸出双手向对方索要东西，这时，它们通常摊开手掌，伸出手臂。期待食物、想要身体接触时，或请求帮助时，它们都会做出这样的动作。倭黑猩猩在理毛之前，会先走近对方，拍拍自己的胸脯或在对方面前拍手，发出理毛信号。灵长类学家凯瑟琳·霍贝特在观察野生黑猩猩时，发现黑猩猩有66种动作，用于传递19种信息。用简单的动作、高低不一的声音和表情沟通是黑猩猩与倭黑猩猩的共同点。也就是说，类人猿具有共同的沟通体系。

利用声音的高低长短来沟通，与使用语言文字相比，简直是小儿科。但值得注意的是，在特定情况下，人类也会通过声音来表达类似的情感或警戒之意。比如，当黑猩猩感到恐惧时，它们会发出尖叫或敲击周围的东西，发出警报。当人类感到惊讶或恐惧时也会如此。

当人们处在安静的环境中，周围突然响起响亮的声音

黑猩猩的表情语言

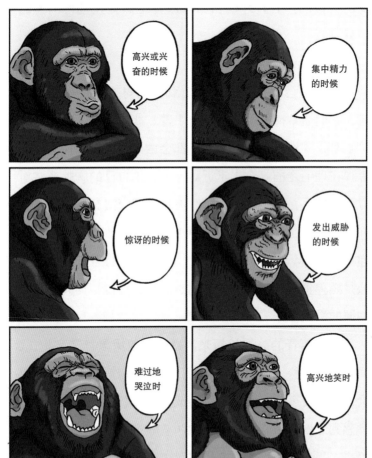

或剧烈的波涛声、爆炸声时，会感到恐惧，并产生戒备心理。海顿的《惊愕交响曲》和舒伯特的《魔王》等曲目中高音与低音反复出现，刺激着人们的情感。类人猿听到此类声音时的反应，说明在人类的文化遗产音乐中，可能存在与灵长类类似的文化基因。我们通常认为使用语言是人类特有的能力，现在看来，有必要对此产生怀疑。

共情与模仿的起源——镜像神经元

观察会使用工具的黑猩猩的研究者们发现了一个有趣的事实，那就是一旦有一只黑猩猩用石头砸开坚果，该群体的黑猩猩就都会用同样的方法砸坚果吃。成年黑猩猩还会把这种方法教给小黑猩猩。而有的黑猩猩群体的成员即便身处有坚果和石头的环境中，不仅不会使用工具，也根本不吃坚果。那么，生活在不同环境和地区的灵长类会有不同的生活方式吗？假如说人类是通过特别发达的模仿能力学会了模仿自然的声音，然后将其系统化，从而创造出语言和文化的话，那么，与我们接近的类人猿们也具有模仿能力，它们也能形成自己的语言和文化吗？

1996 年，美国一家动物园里，一个 3 岁的儿童从 6 米高的围墙上跌落进了大猩猩的展区里。这时，一只名为宾提的雌性大猩猩来到失去意识的小孩旁边，游客们因此

救孩子的雌性大猩猩宾提

1996 年，在芝加哥动物园里，有一个小孩掉到了大猩猩的展区围栏里。救出这个小孩的雌性大猩猩宾提得到美国多家媒体的赞誉

惊慌不已。宾提把小孩抱到安全的地方，等待救援。这段视频感动了世界上的很多人。德瓦尔认为宾提的这一行为与人们救助陷入危机的同类非常相似。

人类会不求任何回报地帮助别人。因为当人类看到别人受苦时，就会产生自己也处于同样困境的共情感受。制造这种共情感受的神经细胞就是镜像神经元。德瓦尔认为救助儿童的黑猩猩的行为，也同样存在于其他类人猿中。

那么，什么是镜像神经元呢？人脑由大约 1 000 亿个神经元组成。神经元是构成神经系统的主要细胞，根据其承担的作用可以分为感觉神经元、中间神经元与运动神经元三类。感觉神经元负责传递感觉器官感受到的刺激，中间神经元判断刺激、下达指令，将命令传递到运动神经元，做出反应。前一个神经元的突触，向后一个神经元传递神经递质，接收或传递电信号。

意大利神经学家贾科莫·里佐拉蒂通过研究猴类，从神经生理学的方向研究了手是怎样运动的。实验中，与植入猴脑的电极连接在一起的电脑收到了信号，该信号出现在与拿、提、撕、进食等手部动作相关的神经元集中的部位，但当时实验猴并没有要拿什么东西，它不过是安静地坐着看研究者拿花生吃。里佐拉蒂由此认为，即便自己没有做动作，但看到别人做该动作时，猴脑中的相应神经元也会产生兴奋。更神奇的是，即便没有做该动作，仅仅是说出或听到与该动作相关的词汇，该神经元也会兴奋。

除了猴类，人脑中也有镜像神经元，通过简单的实验便可确定这一点。看到拿着东西的人或手臂运动的人时，从观察者的手和脚部肌肉中也可以测到运动诱发电位，也就是说，在神经元中，刺激以电信号的形式传递。实验中，两种情况都会导致观察者的运动诱发电位明显升高。当观察者进行同样的行动时，相关肌肉的运动诱发电位也会增高。

神经元的种类与结构

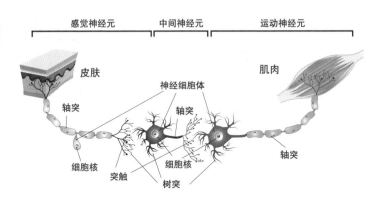

神经元由带有细胞核的神经细胞体和接收信号的树突、发出信号的轴突组成。与感受器相连的感觉神经元中的轴突中间有神经细胞体，中间神经元中有不被髓鞘包裹的轴突和很多树突，运动神经元中的神经细胞体比别的神经元中的要大

镜像神经元有两种。有观察对方的行为并做出同样细致反应的神经元，还有即使与对方行为不一样，但也针对同样的目的做出反应的神经元。把别人的行为当作自我经验的镜像神经元的存在，帮助我们了解了灵长类共有的共情能力与模仿能力，以及通过模仿进行的学习活动。

运动诱发电位
皮质运动区接受刺激时，电信号会通过神经系统传递，产生微细的电反应。

　　研究者观察了黑猩猩通过模仿母亲进行学习的行为。小黑猩猩看到妈妈打开电脑，敲击键盘解答屏幕上出现的问题，它发现妈妈每做对一道题就能得到食物，于是也开始模仿，并得到食物。

　　在野生动物世界，我们经常能发现类似的模仿行为。雌性黑猩猩会把食物分给年幼的黑猩猩，但却不会分给年龄大一点的小黑猩猩。小黑猩猩通过反复模仿，学得获得食物的方法。用石头敲开坚果的壳获得果实，需要非常精细的操作。把坚果放在扁平的石头上，选择易于抓握的大小、形状都合适的石头，然后使用适当的力量朝着正确的方向敲击，才能保证果实完好无损。雌性黑猩猩并没有教给孩子这样的方法，而小黑猩猩通过观察母亲的行为并进行模仿，经历过多次失败后，最终自己学会了该方法。

研究者认为模仿学习也需要在正确的时间进行，错过时机的黑猩猩无法学会取出果实的方法。这与从小和狼生活在一起的狼孩错过了学习语言的最好时机是一样的道理。

我们看到别人身上有蟑螂或有蛇缠绕时，会感到非常恐惧。如果有人悲伤哭泣，我们也会感到悲伤，这就是镜像神经元发挥作用的结果。人类拥有预测别人心理反应并迎合其做出相应行为的共情能力。在社会生活中，这需要人们了解别的集团成员的内心。事实上，很难通过实验验证动物是否可以读懂其他动物的内心。虽然人类养的犬能够理解主人的心情，但那也可能是通过反复训练获得的一种反射。

群居生活的黑猩猩是怎样的呢？黑猩猩也能预知其他个体的想法。不过这种认知可能不是基于对方立场的考量，而是认为对方与自己是相同的，从而在本能层面上产生的认知。

心理推测能力也称心理理论，是指推测别人的想法、信念、意图、谎言和欲望，理解别人的语言和行动，分析为预测对方的行动而使用的有关心理状态的信息的能力。根据心理理论，科学家设计出测定社会认知能力的萨利-安妮测试，可以用于鉴别自闭症。

心理学家巴伦-科恩的研究显示，在该测试中，一般孩子与唐氏综合征患儿的通过率为85%，而自闭症患儿的通过率只有20%。自闭症患儿看到往箱子里放球的安妮，不能理解当时不在场的萨利不知道这一情况。

黑猩猩在为了争夺统治地位而叛乱的过程中，可能会结盟，也可能会采用利用雌性黑猩猩支持的政治性行为。不过，黑猩猩的行动与自闭症患儿类似。它们不知道别的黑猩猩可能与自己的想法不一样。即便它们会杀掉统治者，杀掉族群里的小黑猩猩，它们也认为对方的想法与自己是一样的，所以不懂得使用复杂的欺骗术。

人类一般在 2 ~ 3 岁时就掌握了了解别人内心的基本技能，懂得区分肯定或否定情绪。5 岁左右就开始明白自己可能会获得自己想要的结果，也可能不会。7 岁之后明白什么是谎话，能理解喜悦、惊讶等第一层次的情绪。10 岁以后可以理解嫉妒等第二层次的情绪。掌握读心的基本技能之后，人类可以以意图、想法、情绪、欲求等表征为

萨利－安妮测试

萨利和安妮在一起。

萨利　安妮

萨利把球放入篮子里。

萨利出去了。

房间里只剩下安妮，她把球从篮子里移动到箱子里。

萨利回来了。

萨利会去篮子还是会去箱子里找球呢？

要想通过测试，就得选择篮子。只有理解了安妮移动球时萨利不在场，才能通过该测试。因为即便我们知道球在箱子里，但站在萨利的立场上来看，还是得选择篮子

基础，对对方的行动加以推测或理解。人类以这些社会认知能力为基础，将自己代入对方，并获得共鸣。共情能力是道德感的基础。

以共情能力为基础，模仿他人的行为或状态的能力是文化的原动力。我们看电影、电视剧或读书时，会被主人公的感情或想法同化，这也是人气演员或最新趋势能够带动某些时尚单品、发型或化妆方法成为流行的原因所在。

除人类之外的其他灵长类也有镜像神经元，但为什么人类创造的文化和它们的文化之间存在如此大的差别呢？我们接下来考察人类与猴、黑猩猩的镜像神经元之间存在什么差别。

人们向猕猴展示在没有东西的状态下装作拿着东西的样子。人类可以通过假装该物体存在的哑剧，仅凭动作就传递有关该物体的信息，因而人类的镜像神经元反应活跃。但猕猴的镜像神经元对此却没有任何反应，它们的镜像神经元不能认知某些特定行为是怎样进行的。

黑猩猩如何呢？在黑猩猩面前放两个杯子，然后用挡板把杯子挡住，给黑猩猩展示往其中一个杯子里装葡萄。黑猩猩虽然知道杯子里放着葡萄，但不清楚是哪个杯子。研究者用手指指着右侧的杯子，示意里面有葡萄，黑猩猩的脑就会对手势做出反应，但它却不知道该手势的意义是什么，而人却能够通过手势清楚地知道应该选择哪个杯子。

由此可见，即便都拥有镜像神经元，但人类与猴、黑猩猩之间还是存在差别。人类只靠观察别人的行为，就能理解其含义并能进行模仿。有很多人通过优兔（YouTube）

网站上的视频学习运动、舞蹈、化妆或制作家具。人类的镜像神经元可以认知行为进行的方式（怎样），行为的目标（什么），行为进行者的意图（为什么）。但猴和黑猩猩只对有关食物等目标明确的生存必需行为做出反应。对于目标不明确的行动或意图，它们不能产生正确的认知。

人类的镜像神经元对于其他个体的认知，超越了"什么"的层次，达到了关注"怎样"和"为什么"的层次，这使得我们可以解读人的独特性。当人类可以模仿过程和意图后，人类就可以积累知识和技术，还可以吸收前辈的文化创造新文化。引领人类文化进化的镜像神经元不是人类所特有的，它是包括人类在内的灵长类谱系中的某个共同祖先之一，因为偶然的基因突变产生的。

灵长类也有文化吗？

很长一段时间，科学家们都非常好奇动物是否也有自己的文化。生活在不同文化圈的人，尚且感到难以理解对方，我们仅凭了解一点动物的肢体语言、找到它们共同的生活方式，很难把握动物的文化。在古代，犹太人会向违反律法的人扔石头，而生活在朝鲜半岛的人为了驱除厄运，古代正月十五时整个村子的人会一起扔石头。同是扔石头，包含的意义却是不一样的，不能理解这一点，就会引起误会。我们也不能因为没有共同的形式，就认为没有形成文化。在了解倭黑猩猩性行为的意义之前，不是连科学家都不愿意研究它们来着吗？

判断动物是否拥有文化的标准是它们是否拥有学习能力，是否能够继承并发展通过学习获得的信息。包括弗朗斯·德瓦尔在内的大多数灵长类学家都会对此做出肯定回答。黑猩猩族群里有某些特别行为成为流行的事例。一般情况下，黑猩猩总是轻攥拳头，用手指支撑着体重行走。某天，一只雄性黑猩猩的手指受伤，无法用手指撑地行走，它就只好用与平常不同的方式，即弯曲着手腕走路。于是，一旁的幼崽就开始模仿它的动作，以至于这种走路方式在族群中持续存在了一段时间。还有一个类似事例，有一只雌性黑猩猩弯着腰走路，于是就有很多只幼崽跟在它身后模仿它特殊的走路方式。

古人类通过模仿自己所属集团的一员的行为，形成文化，现代人亦然。同样的事例也发生在黑猩猩族群。两只黑猩猩在动物园的柱子附近打闹，它们绕着柱子转圈，不一会儿，另外一只黑猩猩也绕着柱子转了起来，紧接着，大约有 5～6 只黑猩猩也跟着转了起来。结果，它们的步调逐渐趋于一致，开始合着一定的节奏转动。

研究者们通常认为黑猩猩和猴的模仿行为是必要的生

存行为，但其实它们也会没有明确目标地进行模仿。前面所说的使用石头去掉坚果壳的黑猩猩也是如此。如果说黑猩猩用石头敲击坚果是为了获得某种利益，那它们应该很快就会放弃这种行为，但却有黑猩猩重复这一行为长达1 000天。研究者们认为应该从文化方式上来看待这种行为。

灵长类学家迈克·霍夫曼发现日本猴每天手拿鹅卵石坐在某个特定的地方。它们不断搓动或敲打石头，有时把石头堆在一起，有时又把它们扔得到处都是。实际上拿着石头玩耍，它们不会获得任何好处，不过是消磨时间而已。如果非要从搓石头中找到某种意义，那就是乐趣。游戏是传递集体的技术和知识并学习文化的最好方式。在狩猎-采集的时代，我们的祖先小时候就是通过游戏学会了捕鱼的方法。也是在游戏的过程中，他们爬到树上摘取果实，知道了什么能吃，什么不能吃。猴和黑猩猩也是如此，进行目的不明的某个游戏，可能是它们要传递只有它们自己才懂得的某种文化。

但灵长类的行为和文化，数万年来却没有发生过大的变化。因而也有人主张它们根本就没有文化。不过从700万年前~600万年前人类最早的祖先出现，到开始使用石器，足足花了400万年的时间。250万年前，能人最早开始使用石器，在此后80万~100万年的时间里，几乎没

有发生任何变化。人类拥有文化才不过 4 万年的时间。就像我们很长一段时间里无法区分黑猩猩与倭黑猩猩一样，从大历史的角度来看，人类与除人类之外的灵长类之间出现明显的差异，也不算花费了太长时间。

当然，人类创造了文明，经过工业革命，借助科技革命开始向宇宙进发。与 1 万年前人类刚刚开始农耕时代时相比，迄今为止，人类取得了数不清的成就。在此过程中，人类不仅成为生态链最顶端的捕食者，还成为君临生物界的"统治者"。很多人认为，只有人才会使用工具和语言，人脑与动物的脑有着明显的区别。但遗传学、生物学、动物学、脑科学等各领域的研究者们发现，我们与灵长类有很多共同之处。这为改变理解人类独特性的根本前提提供了契机，给我们提供了更深刻地反思人性的机会。

戴安·福西与大猩猩

戴安·福西毕生致力于研究大猩猩。她关心动物，从兽医专业毕业后，成为一家动物医院的助理医生。1963 年，她遇到路易斯·利基之后，走上了研究大猩猩之路。戴安·福西在《迷雾中的大猩猩》一书中详细记录了她与路易斯·利基的第一次见面。当时 31 岁的她为了研究大猩猩，毫无畏惧地走进了非洲的卢旺达。路易斯·利基向致力于灵长类研究的戴安·福西表示欢迎，指引她来到了奥杜威的发掘现场。福西在参观化石发掘地的时候，不小心掉进洞里扭伤了脚，突如其来的痛苦让她呕吐在化石上。

戴安·福西为了观察大猩猩，不顾伤痛，一瘸一拐地继续踏上旅程。此时，与她同行的是著名的野外摄影师艾伦·鲁特夫妇，他们与熟悉密林的当地人一起寻找大猩猩。历经千辛万苦，他们终于遇见了大声叫喊着警惕陌生到访者的大猩猩。当地向导亲眼看到

戴安·福西

当地居民为了生计，伤害了不少大猩猩，而戴安·福西走近它们，与它们成为朋友，并致力于保护它们

大猩猩后，不由得感叹："天哪！它们长得简直和我们的祖先一模一样！"因为大猩猩长得几乎与人一样。初次接触人之外的灵长类的戴安·福西从此迷上了大猩猩。

她的研究与此前的动物学家相比，可谓一枝独秀。如果没有长久的观察作为支撑，戴安·福西在

《迷雾中的大猩猩》一书中就无法详细科学地说明大猩猩族群的谱系、寄生虫、行为等庞杂的内容。她为了与大猩猩融为一体，还模仿大猩猩的行为，咀嚼芹菜，或用手敲打大腿、胸脯。敲打胸脯可能会引起大猩猩兴奋，使其感到屈辱，但这种努力让戴安·福西获得了与大猩猩融为一体的机会。

刺激大猩猩的好奇心，是后来我所了解的无数惯用方法中的一个。我意识到我径直站着或在它们的视野范围内走动时，会让它们集中精神。后来我学着用指节着地行走，也就是用指节和膝盖走向大猩猩，然后一直保持坐着的姿势，这样不仅可以靠近大猩猩，还让它们觉得我不会干涉它们的活动。

——《迷雾中的大猩猩》

戴安·福西在研究大猩猩的过程中，看到大猩猩被偷猎者捕杀，感到非常心痛。她观察了四个大猩猩族群，记录了它们被猎杀的过程。她在书中详细生动地记录了大猩猩被猎杀或虐杀的场面，让众多读者为之动情。戴安·福西目睹了从幼崽时期起就一直观察的大猩猩蒂吉特为了守护族群而牺牲的场面，说她从此对世界和人感到了隔阂。此后，她更进一步地监视偷猎者，甚至拆掉或销毁他们放置的捕猎夹。为了保护大猩猩，她还采取了一些过激的方法，以至于被驱逐出卢旺达。

几年后，重回卢旺达的戴安·福西发现虽然偷猎者减少了，但政府主导的参观大猩猩的旅游活动使大猩猩族群出现了异常行为。但在陌生的国家，独自与政府和资本家做斗争是一件非常危险的事情。最终，戴安·福西于 1985 年被残忍杀害，并且凶手至今还没有找到，很多人都为这位致力于保护大猩猩的研究者鸣不平。

戴安·福西被杀的悲剧，说明保护灵长类的同时，需要帮助当地走向经济独立。因为在依靠捕猎或偷猎维持生计的地方，要求当地人保护环境时，不能只要求一方做出牺牲。研究者们为了保护灵长类的栖息地，不仅需要与当地人和睦相处，还需要关注当地经济发展中的问题。

从灵长类到人

通过观察灵长类的特征，我们发现了人们常说灵长类是人类近亲的原因。从遗传来看，两者非常类似，行为和心理适应的根本机制也来源于同一分支。但人类创造了与其他灵长类完全不同的文化，创造了唯一的文明。

在灵长类的树枝长出新枝的过程中，人类的祖先经历了怎样的变化，才形成了人类独有的特点？

一直以来，我们都在追踪人类与灵长类的共同点，现在，我们正在努力关注两者之间的差异。第一个差异是在古人类开始直立行走、离开了灵长类的栖息地时产生的。人类的祖先走出非洲，将栖息地扩展到整个世界，形成了比任何动物都复杂的社会关系，物质和文化交流沿着巨大的网络发展起来。

最早的人类起源于何处？我们应摆脱人类中心主义的观点，通过灵长类来探索人类的独特性，寻找人类发展和创造的文化进化的根源。

细小的差别

日本国立遗传学研究所研究分析了类人猿的遗传差异，认为在 1 300 万年前~1 200 万年前，猩猩与大猩猩分化；800 万年前，长臂猴（长臂猿）与大猩猩分化；700 万年前~600 万年前，人类与黑猩猩分化（在考古学中，类人猿分化的时间根据使用的是放射性同位素法，还是分子生物学的基因分析法，存在一定差异）。猩猩、大猩猩、黑猩猩中与人差异最大的是猩猩。即便如此，它的基因序列与人的不同之处也不过只有 3%。也就是说，100 个基因中只有 3 个是不同的。大猩猩与人的差异是 2%，黑猩猩、倭黑猩猩的基因序列有 98.7% 与人是一样的，不同之处只有 1.3%。

人类共有 46 条染色体，黑猩猩有 48 条。两者共同祖先拥有的染色体的第 12 和 13 号在进化过程中，融合成人的第 2 号染色体。所有染色体中与人有明显差别的部分约为 0.8%。从脑基因的表达率来看，比起人来，黑猩猩更接近于猕猴，不过，其肝和血液与人类类似，甚至黑猩猩与人之间可以互相献血。

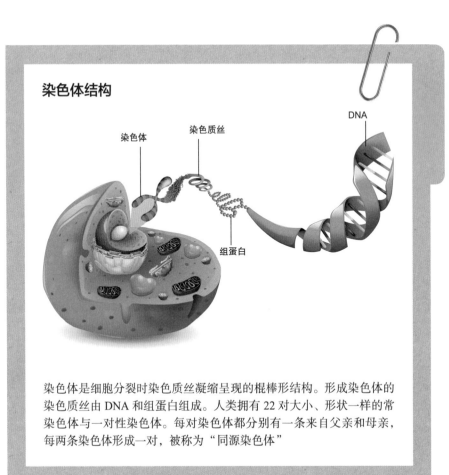

染色体结构

染色体
染色质丝
DNA
组蛋白

染色体是细胞分裂时染色质丝凝缩呈现的棍棒形结构。形成染色体的染色质丝由 DNA 和组蛋白组成。人类拥有 22 对大小、形状一样的常染色体与一对性染色体。每对染色体都分别有一条来自父亲和母亲，每两条染色体形成一对，被称为"同源染色体"

2004 年，黑猩猩基因组国际研究组完整解读了与人的第 21 号染色体承担同样功能的黑猩猩的第 22 号染色体中的 3 200 万个碱基。该研究发现，尽管人类与黑猩猩的序列基本完全一样，但个别染色体中仍存在相当不同的结构。尽管第 21 和 22 号染色体的序列与人类只有 0.2%的不同，但在黑猩猩的第 22 号染色体的 231 个基因中，与人类第 21 号染色体中完全一致的不过 17%，其余 83% 都是不同的。此外，分析结果还发现了只存在于人和黑猩猩中的基因，也发现了一端失去了功能，另一端维持功能的基因。这说明，1.3% 的差别，造成了基因功能的差异，也造成了人类与黑猩猩之间身体特征、智力及情绪等的差别。

在进化过程中，人类与黑猩猩的基因被逆转录病毒植入或部分消失，导致了基因结构的变化。因此，人类和黑猩猩某些基因功能的丧失或恢复，可以产生更多样的物种。比较黑猩猩和人类的 Y 染色体的基因，可以发现人类产生了只有人类才拥有的有关免疫疾病或感染的基因。

比较分析人类、倭黑猩猩、黑猩猩的遗传序列中的遗传特性，可以发现它们各自拥有独特的遗传变异。但极少的差异要想产生完全不同的特征，需要环境完全发生变化。黑猩猩与倭黑猩猩有 99.6% 的序列是相似的，但两者的行为方式却截然不同。距今 250 万年前～150 万年前，以刚果河为界，倭黑猩猩和黑猩猩的栖息地分隔开来。与其他灵长类物种之间出现基因融合现象不同的是，生活环境发生分隔的倭黑猩猩与黑猩猩之间并没有产生融合。黑猩猩与大猩猩生

逆转录病毒
以 RNA 形态传递遗传信息的病毒。

活的区域有交叉，为了争夺有限的食物，它们之间需要展开激烈的竞争，但倭黑猩猩生活在食物丰富的环境中，逐渐失去了攻击性。原本基因差异非常小的两个物种，随着生存环境的改变，行为方式也发生了巨大的变化。

从丛林到草原

灵长类在非洲郁郁葱葱的丛林中进化。丛林的树上没有特别的捕食者，又有充足的果实，于是，灵长类的种类逐渐变得多样起来。

在位于肯尼亚、坦桑尼亚和乌干达交界处的维多利亚湖中的鲁辛加岛上，人们发现了距今 2 000 万年前的化石。化石中有牙齿碎片，有与黑猩猩头骨非常相似的头骨。古人类学家玛丽·利基将这块化石命名为"非洲原康修尔猿"。

它与其他灵长类一样依靠四足行走。主要生活在树上，掌部弯曲，可抓住树枝悬挂在树上。但它具有类人猿的臼齿特征，也没有尾巴，所以路易斯·利基认为它是人类与类人猿的共同祖先。那么，这个具有鲜明人类特征的物种是什么时候开始从类人猿中分化出来的呢？悬挂在树上移动的原康修尔猿的后裔大约在距今 700 万年前，逐渐变大、变重，开始来到地上行走。

非洲原康修尔猿

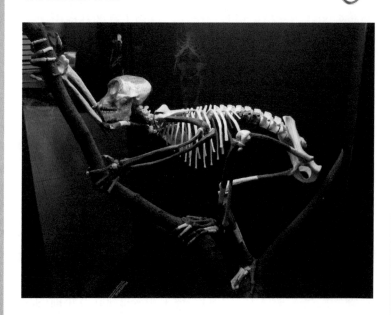

没有尾巴，依靠四足行走

　　1974 年，人们终于在埃塞俄比亚的哈达尔发现了距今大约 320 万年前的南方古猿阿法种（露西）化石，它身高约为 1 米，体重约为 30 千克，脑重约为 400 克，与黑猩猩类似。露西有坚硬的下颌骨，也有猴特有的长臂骨。其骨盆支撑着身体，可以直立行走。它有向膝内侧弯曲的胫骨和与骨盆相连的髋关节，既可以直立行走，又可以支

露西的化石

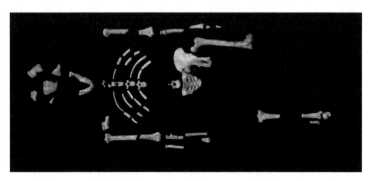

1974 年，美国古人类学家唐纳德·乔纳森的研究小组发现的头骨、股骨、趾骨等化石。据推测，这些骨骼带有早期人类的特征。2016 年，美国的约翰·卡佩尔曼发表了研究结果，认为露西死于一起坠落事件

撑身体重心。早期人类最突出的特征就是直立行走。

在树上生活的原康修尔猿和两脚直立行走的露西，两者之间相差超过千万年，目前人类还没有发现两者之间的过渡化石。

纽约州立大学的古人类学家为了寻找人类开始双脚直立行走的起源，研究了黑猩猩移动时使用到的肌肉。通过分析黑猩猩交替移动双足行走时，骨盆与股骨肌肉的运动，研究者发现位于其腰部中间位置的臀肌（臀中肌）使身体保持平衡。黑猩猩四足移动时，其臀中肌几乎不发力。

那么，臀中肌什么时候发力呢？爬树时，先用前肢悬挂在树上，然后用后肢支撑身体向上移动时，臀中肌发力。研究者发现，在爬树或直立行走时，包括臀中肌在内的腿部和腰部在运动中发挥了很多相同的作用，也就是说，爬树的动作成了双足直立行走的训练。比黑猩猩体型大的猴在树上移动时，主要也是从一根树枝悬挂着移动到另一根树枝，这时，伸展身体的动作也可以看作练习站立。

即便有了直立行走的可能性，体型大的猴有必要从树上来到地面上，开始直立行走吗？让它们来到地面上生活的决定性因素是什么呢？

为了寻找直立行走的理由，我们先来看一下距今2 300万年前中新世地球的样子。该时期的气候与大陆的面貌都发生了很大的变化。中新世早期，地球温暖，但到了中期，气温降低，南极完全被我们今天所看到的冰川覆盖。板块之间的撞击，形成了阿尔卑斯山脉和喜马拉雅山脉。中新世就是造山运动和地壳抬升的时期。

一系列活跃的地壳运动，造成贯穿非洲大陆东部的板块边界张裂，形成了南北长达6 400千米的巨大裂谷，这就是东非大裂谷。非洲在数百万年的时间里，一直都被郁郁葱葱的广阔的热带雨林覆盖，但裂谷形成后，裂谷东西两侧的气候发生了变化。潮湿的空气与裂谷边缘地带的高

中新世大陆的移动

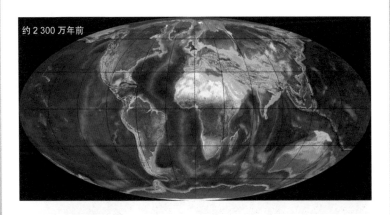

约 2 300 万年前

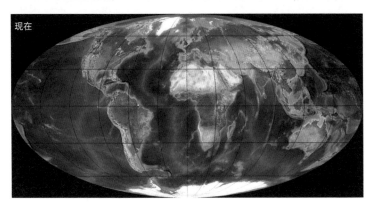

现在

在中新世，北美洲与南美洲还没有连在一起，现在的阿拉伯半岛几乎与非洲连在一起，另外，印度与亚洲板块不断冲撞，形成了喜马拉雅山脉

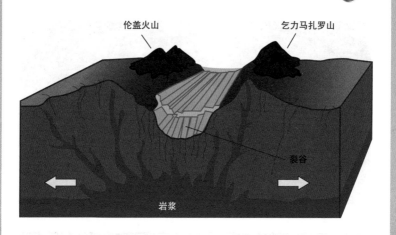

东非大裂谷的结构

伦盖火山

乞力马扎罗山

裂谷

岩浆

非洲板块张裂,地壳的一部分下降,两端变成陡峭的悬崖,形成裂谷。两侧反复发生断层作用,形成乞力马扎罗山等高山和火山,狭窄的地区形成湖泊。东非大裂谷至今地震频发,火山活动活跃

山相遇造成降雨,然后变成干燥的空气向东移动。于是,另一侧的雨林变成了几乎没有树木的沙漠地带。

东非大裂谷的形成,使生活在东部草原地带的黑猩猩和人类的共同祖先被孤立起来,它们适应了没有树木的环境,来到地面上生活,经过不断变异,进化为其他物种。露西就是在沙漠地带被发现的。在该地区的地层中还发现了稻种化石。水稻并不生长在丛林里,而是生长在平原上,这证明露西当时生活的地方是草原。古人类的爬树等

行为有利于直立行走使用的肌肉得到发展，于是，他们从食物逐渐减少的丛林来到了草原。

因为可以直立行走

人类开始直立行走之后，发生了什么变化呢？首先，口腔结构发生了变化，可以发出很多声音，露西可以利用两只脚在地面上行走，但其身体却不是完全直立的。露西的口腔结构与摇摆双臂步行的类人猿没有太大的区别。即便提高声调，可发声的孔也较窄，因此她不能发出很多声音。而距今 190 万年前出现的直立人是比露西进化得更好

露西与直立人的口腔结构

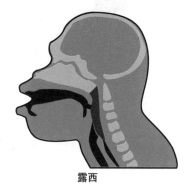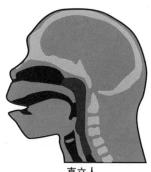

露西　　　　　　　　　　　　　　直立人

喉部较窄，难以发出各种声音的露西的口腔结构（左）与能够发出多种声音的直立人的口腔结构（右）

的古人类。他们几乎能够完全站直，口腔结构具备了充分的发声空间。虽然他们还不能使用复杂的语言，但已经能够使用多种声音来进行沟通。

古人类开始直立行走的时候，其身体结构也发生了变化。挺直上身，双腿交替前行，腿变得更直更长。脊椎为了更好地承受冲击，呈 S 形弯曲。

今天的人类依然保持了这样的形态。不过人的身体重心位于腰后部，脊椎负荷较重。因而从身体结构来看，人的腰部容易产生疼痛。痔疮、便秘、静脉曲张等疾病都是直立

婴儿头骨的囟门

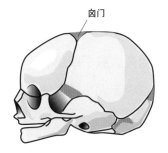

囟门

囟门

婴儿的头骨上有 6 个囟门。婴儿呼吸时，囟门也会随之一起运动。囟门在出生 18 个月后完全消失，然后头骨硬化，变得与成人一样

行走造成的。我们要挺直上身直立行走，内脏就需要位于骨盆之上，骨盆为了更好地支撑内脏，变成了盆状，产道变窄。因而生育孩子时，女性遭受的痛苦比别的动物更大。

通过变窄的产道出生的婴儿，头骨没有完全闭合，头部与身体相比较大，便于从产道产出。婴儿的头骨有 6 个囟门，骨头柔软。

大多数动物出生后都能较快学会行走，但人类要在出生一年后才能学会走路。这是因为产道变窄，婴儿只能在成熟之前被生出来。因而刚出生的婴儿如果没有获得照

顾，就无法生存。

相比其他哺乳动物，包括人类在内的灵长类在出生初期发育迟缓，需要母亲照顾的时间较长。大部分灵长类的母亲在哺乳期会停止排卵，无法生殖，孩子断奶后，又重新可以生殖。其性成熟的时间，也晚于大小相似的其他哺乳动物。

人类在不成熟的状态下出生，通过对自己有利的模仿策略获得成长。其他动物不具备的人类独有的身体行为——模仿能力也是如此。在长久的成长期内，灵长类依靠经验获得食物，学习避免被捕猎的方法，还学习群体生活和打斗技术。

独特之处代代相传

人类最早的祖先出现在非洲，并长期将这里作为生活的大本营。他们形成小规模的群体，制造工具并使用火。后来，群体规模逐渐增大，人类的祖先开始烹饪并食用肉类，脑容量逐渐变大。再后来，祖先们又制作出了可以加工工具的工具，开始集体狩猎。最终，最早的人类——智人出现了。他们利用发达的语言与距离自己较远的群体交换物品，然后，更新世的寒潮来袭，狩猎和采集都变得困难，于是，他们开始离开非洲去寻找充满机会的土地。幸亏他们可以直立行走，才可以通过消耗较少的能量，实现长距离的移动。

来到欧洲和亚洲的人类，逐渐适应了这里的环境，形成了各自不同的生活方式。一部分人生活在洞穴里，一部分人建造了有火炉的窝棚，也有人会制作衣服。群体中的成员去世时，大家会为其举行葬礼，唱歌跳舞纪念亡者，还在墙上制作壁画。

有人从植物中找出了可以食用的种类，了解了它们的生长周期，然后开始种植并获得食物，还有人饲养动物获得奶。谷物和动物的奶后来成为婴儿的离乳食品，哺乳时间明显缩短，生产时间也缩短了。人口开始增加，群体的规模变大。

适于种植作物的地方成为人类的聚居区，农业技术日渐发达，人类建造粮仓保存多余的粮食，这时就需要有专门的人守护粮食，于是出现了阶级和身份。道路相接的地方成了交易场所，有价值的东西被高价卖出，于是产生了能够区分价值高低的货币，欣赏音乐、绘画、演出等需要支付费用。拥有军队的城市之间发生战争，也形成同盟，国家和统治者出现了。所有的这一切被记录下来，拉开了人类文明史的序幕。

从 20 万年前开始，人类的祖先与灵长类有了截然不

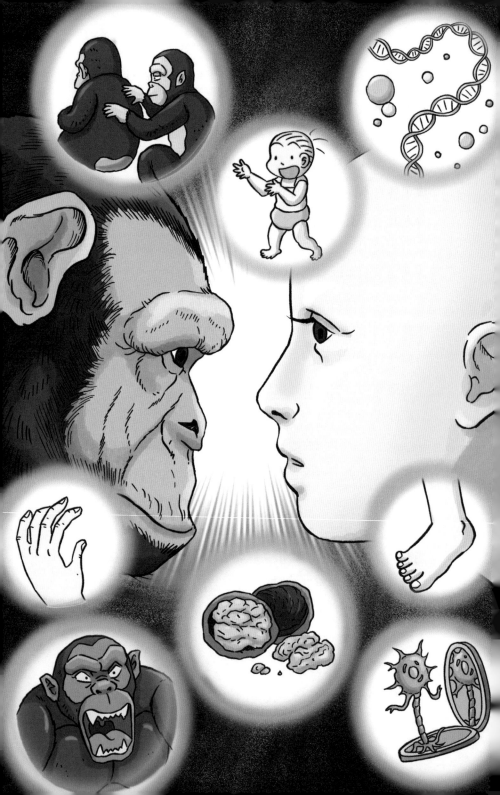

同之处，我们的直系祖先智人出现了。智人之前的古人类短的存在了几千年，长的则存在了200万年。考察它们的存在，人类可以回顾自己的起源。人类的独特性是在从灵长类、古人类、人类直系祖先到现在数百万年的变化过程中逐渐形成的。同样，追溯人类谱系的灵长类的树状分枝，就能了解最初人类的起源。

人类拥有能够使用工具的手，可以直立行走的腿和脚部结构，还拥有可以明确距离和立体的视觉，也拥有把握信息、积累知识的认知能力。人类以合作和道德感为基础构成社会，使集体生活成为可能。人类还具有暴力性、协调和解能力，还可以通过共情和模仿，进行学习和文化创造。不过，这不是说因为人类特别优秀才具有这样的特征，这是在长久的适应环境的过程中，与其他动植物相互作用而获得的地球遗产的一部分。

发达的人类文明在不知不觉中破坏了灵长类的栖息地，不过，陷入灭绝危机的不仅仅是灵长类。目前，证明人类起源的证据还不充足，但对于只在地球上存在了20万年的人类来说，谁也不知道我们还有多少时间和力量可以支撑文明。在君临一切生命体的既幼稚又傲慢的心理毁灭人类自己之前，我们有必要回顾一下数十万年来一直与人类共存的近亲灵长类，并尊重地球上其他所有的生命体。

灵长类学家
弗朗斯·德瓦尔

　　1948 年，弗朗斯·德瓦尔出生于荷兰，在乌得勒支大学获得生物学博士学位后，走上了研究灵长类的道路。1975 年开始的 6 年时间里，他一直在世界上规模最大的黑猩猩动物园——荷兰阿纳姆伯格斯动物园里观察研究黑猩猩，并发表了很多论文。

　　德瓦尔著有很多与黑猩猩有关的著作，成为集大众性与学术性于一体的名副其实的灵长类学家。1982 年，他在《黑猩猩的政治》一书中阐明了黑猩猩与人一样拥有社会行为，并详细记述了它们的政治性活动。德瓦尔起初像其他灵长类学者一样，关注的是通过黑猩猩的行为研究灵长类的暴力，后来他将研究聚焦在灵长类的和解能力上，提出了灵长类研究的新观点。《灵长类的和解行为》是其致力于灵长类和解能

德瓦尔

致力于研究黑猩猩和倭黑猩猩，笔耕不辍，出版了很多作品，其著作被译介到全世界。人类的行为和心理不仅是人类独有的特性，也是来自共同祖先的遗传特征。

力研究 15 年的集大成之作。

从 20 世纪 80 年代中叶开始，德瓦尔在美国国家灵长类动物研究中心研究黑猩猩的同时，也研究了圣地亚哥动物园的倭黑猩猩。《倭黑猩猩》一书打破了人们一贯只把倭黑猩猩描绘成拒绝战争、追求和平的物种的偏见，提出了研究倭黑猩猩的新观点。在《类人猿与寿司大师》一书中，他论述了灵长类是如何享有文化的。在《猿形毕露》与《天性善良》中，他提出了从道德层面考察兼具暴力与追求和平属性的人类行为的观点。

从大历史的观点看
人类的近亲——灵长类

查尔斯·达尔文发表进化论时，还是基督教世界观盛行的时期。人们相信是神创造了人，他们批判达尔文，"猴子是你爷爷的祖先，还是你奶奶的祖先啊？"即便是到现在，仍然有人看到猴子时，会质疑"猴子竟然是人类的祖先"。

该疑问的前提是猴进化成了人。不过，这一前提从根本上来说是错误的。因为人与猴是从最初的灵长类，也就是最古老的灵长类的祖先分化出来，各自独立进化，变成现在的人和猴的。人类与非人的灵长类的饮食习惯与栖息地等生存方式不一样，根据环境的变化，他们的基因和身体都发生了变化。即便猴和黑猩猩会进化，它们也不可能变成人。

电影《猩球崛起》系列就是假设黑猩猩脑部的基因

发生变异，智力变得与人一样。一家研究阿尔茨海默病治疗药物的制药公司，以黑猩猩为对象进行了药物实验，实际上他们解析了黑猩猩的第 22 号染色体，通过比较黑猩猩与人类的染色体，可能会找到治疗痴呆或艾滋病等疑难病症的方法，从这一点来看，电影的想象力是空穴来风。那么，食用了药物的类人猿，有可能智力上升，开始攻击人类，或者能够使用人类的语言吗？其实，对此完全没有必要担心。虽然大猩猩、猩猩比人强壮得多，但仅凭药物就让它们获得人类经过 20 万年才获得的智商和身体特征是不可能的。尤其是语言，人类会使用语言不单单是因为智力高，还因为人的下颌、舌头、声带的位置等已得到了足够的进化，才使说话成为可能。

该电影向我们传递的重要信息不是类人猿进化得超越人类之后会造成怎样的恐怖状况，而是警告人类要注意可能会导致人类灭亡的第六次大灭绝的到来。

人类步入农耕社会已经 1 万年了，在这期间，文明得到了发展。人类在实现工业化之后，成为能量消耗最多的主体，人类的影响力波及全球，这个地质时期被称为"人类世"，进入人类世的人类在生态界中拥有绝对优势。科学技术的发达，使人类能够合成自然界不存在的生命体，并能够制造能像人一样思考的人工智能。人工智能取代人的第四次工业革命的时代即将到来。

但另一方面，在伦理标准确立之前，一味开发技术，最终可能会让人类自食恶果。工业的发展，导致环境被破坏，造成能源、粮食、水等资源的不足，人们担心将无力负担逐渐增多的人口，或有难以治愈的传染病传播，还担心核战争可能会威胁人类的未来。为了生存，我们能做些什么，已经不是特定的某个人需要思考的问题，而是所有人类需要共同面对的问题。

大历史向研究人类共同问题的人们提供了思考的框架。我们从哪儿来，我们的行为、想法、人性是怎样形成的，为了共生共存，我们应该如何行动，我们一直追寻着这些有关人类终极问题的答案。为此，在本书中我们溯源而上，研究与人类最为相似的灵长类的特性，并追踪人类的特性和行为的起源。

灵长类是恐龙灭绝后，在艰难的环境中生存下来的哺乳动物之一。它的出场虽然并不华丽，但却逐渐适应了栖息地的生活，实现了进化。在进化的过程中，灵长类分化为没有尾巴的类人猿与有尾巴的猴。然后到了某一个节点，又分化为大型类人猿（黑猩猩、猩猩、大猩猩、倭黑猩猩、人）和长臂猿，猴则分化为了旧世界猴与新世界猴等。尽管出现了这么多样的分化，但我们都是过去某个瞬间从同一树枝上分化而来，然后适应各自所处的环境并最终进化的结果，在灵长类的谱系图中都是亲戚。这也证明了黑猩猩与人类的基因有 98.7% 是相似的，与其他灵长类的不同之处也不超过 10%。

灵长类在进化过程中居住在树上，前掌与后掌的结构逐渐变得复杂，拥有了可以看到远处的视觉，脑进化得可以处理视觉信息。他们群居生活以抵御捕食者的威胁，以分工合作的社会属性为基础，智力得到了高度发展。事实上，人们对灵长类学家公布的研究材料中显示的类人猿拥有高度的智力和行为方式，感到非常惊讶。无论是稍加训练就能熟悉文字和使用工具，为了获得自己想要的东西而欺骗研究者的黑猩猩，还是会使用火加热食物，向同类或别的动物表示亲近的倭黑猩猩，都让人感到惶恐。因为，此前我们总是认为只有人类才拥有这样的智力和行为，只有人类才会帮助别人。

更让我们感到惊讶的是它们的社会生活。头脑发达的灵长类熟知合作有助于生存，也很清楚如何进行合作。不仅如此，它们通过集体生活培养竞争力。罗宾·邓巴等研究者认为通过社会生活，灵长类的头脑得到发展，并据此提出了"社会脑假说"，该假说为大脑新皮质大小与相应物种形成的群体规模之间的关系提供了根据。人类形成的群体的规模是其他灵长类的 3 倍，从中，研究者们发现了人类之所以为人的线索。

由于研究困难重重，灵长类的社会性一度属于未知领域。不过，珍·古道尔等研究者们进入灵长类的栖息地，经过数十年的研究，逐渐了解了它们。著名的灵长类研究者弗朗斯·德瓦尔很长时间以来，一直观察伯格斯动物园的黑猩猩，发现黑猩猩社会以明确的等级秩序为基础，雄性黑猩猩为了成为族群的领导者，不断制造矛盾又进行和解。他认为，黑猩猩社会产生的争夺王位的斗争，与马基雅维利在《君主论》中的论述如出一辙。黑猩猩既暴力，有时又体现出和解能力，以维持自己社会的发展，而倭黑猩猩则以雌性为中心，回避冲突和矛盾，和平共存，它们通过性行为维持独特的交流。

《为什么灵长类是人类的近亲》一书除了考察了灵长类卓越的认知能力和社会性以外，还考察了站在人类立场上难以理解的灵长类使用工具的能力，以及它们的学习行为、语言和文化。通过本书，我们更加理解了人类看待它们时所带有的人类中心主义视角，不过在此过程中，我们也发现了能够引发共鸣的镜像神经元的存在，这是我们之所以是人的特殊要素。镜像神经元使我们可以仅凭观察，就能把对方的行为当作自己的经验，并加以模仿和学习。研究者们认为类人猿中存在的调解矛盾、救助受伤的鸟、模仿母亲使用工具的行为，就是镜像神经元发挥作用的结果。这既是人类与其他类人猿最为相似的部分，同时也是造成两者最大差异的部分。

我们通过研究灵长类的特性和行为，更进一步地了解了人类的独有特征。我们把以卓越的智商为基础获得的成果，共享给我们的同辈和后代。一代人积累的知识，会以集体知识的形式传递给下一代。我们与他人产生共鸣，由此类推别人的想法和行为，判断对方是敌是友。我们与周围的人形成复杂的社会关系，和生活在远方的人保持联系。除了边看边跟着学之外，我们还可以想象没有经历过的事情，进行抽象思考，然后将其艺术形象化。这样的特征促进了科学技术的发展，形成了社会网络，孕育出文化之花。

从目前来看，人类与人类之外的灵长类拥有的共同点和差异，造成了两者完全不同的结果。不过，这里我们需要指出的一个重要事实是独有的特性来源于共同的根源。我们需要铭记，人之为人，是以我们的祖先在数千万年里积累的适应能力为基础的。

电影《猩球崛起》中的类人猿们建立了自己的王国，而在现实世界中，大猩猩、黑猩猩、猩猩和倭黑猩猩的栖息地正在遭受人类的破坏，面临着灭绝的危机。我们已经知道，人类从灵长类的树枝上下来开始直立行走，到进化为智人的过程中，有很多古人类消失了。数百万年里，曾经引领进化的物种灭绝，只有智人活了下来。而现在，警告人类将在史上最短的时间里造成第六次大灭绝的声音不绝于耳。爱因斯坦认为，一旦蜜蜂灭绝，人类就将会在 4年之内灭绝。因此，我们需要重新审视人类的树枝产生于灵长类树枝末端的事实，一旦灵长类的树枝被折断，我们的生命之树也将难以为继。

就像黑猩猩的捕猎者与救护者珍·古道尔共存一样，人类身上兼具暴力的黑猩猩和热爱和平的倭黑猩猩的特性。当我们站在如何选择现在和未来的生活方式的十字路口时，我们也一定会想起，在人类的生命史上，我们是以祖先积累的进化工具为基础生存下来的，在进化与分化的过程中，我们享受了人类独有的特性和在生态系统中的权威地位带来的优势。但不该忘记，从远古开始，我们就不是独立的存在，而是与其他生物共生共存的。